浙江农业三新技术研究及其应用

浙江省农业农村厅 编

中国农业科学技术出版社

图书在版编目（CIP）数据

浙江农业三新技术研究及其应用／浙江省农业农村厅编．—北京：中国农业科学技术出版社，2018.11

ISBN 978-7-5116-3922-6

Ⅰ.①浙… Ⅱ.①浙… Ⅲ.①农业技术－技术发展－成果－浙江 Ⅳ.①F327.55

中国版本图书馆CIP数据核字（2018）第249090号

责任编辑 闫庆健 王思文
文字加工 段道怀
责任校对 贾海霞

出 版 者 中国农业科学技术出版社
北京市中关村南大街12号 邮编：100081
电 话 （010）82106625（编辑室）（010）82109704（发行部）
传 真 （010）82106625
网 址 http://www.castp.cn
经 销 者 各地新华书店
印 刷 者 北京建宏印刷有限公司
开 本 889mm×1194mm 1/16
印 张 14.25
字 数 300千字
版 次 2018年11月第1版 2019年1月第2次印刷
定 价 120.00元

编辑委员会

前　言

农业三新技术(新品种、新技术、新模式)是调整农业和农村经济结构、增加农民收入，保持主要农产品供求总量基本平衡，确保粮食安全，改善农业生态环境，提高农产品竞争力，促进农业可持续发展的关键。

根据当前农业生产的实际，浙江省农业农村厅、浙江省农业科学院、浙江大学、中国水稻研究所、中国农业科学院茶叶研究所、浙江农林大学(简称省“三农六方”)等省级农业科研院校和技术推广部门，通过省“三农六方”之间的科技协作和组成农业产业技术创新与推广服务团队，围绕粮油和其他产业提升发展的应用性技术研究与集成，农业节本提质增效、农牧结合、资源利用生产模式集成应用，农产品安全生产、农业水环境治理等方面，加强良种良法配套、农艺农机融合，开展技术攻关、成果转化和示范应用，解决产业发展中急需的共性和关键性技术问题，促进成果转化和产业提升发展，形成产业技术链，加快农业科技进步。

现将近年来浙江省“三农六方”及农业农村厅有关单位牵头组织实施产业技术项目中取得的一批产学研结合紧密，具有创新性和推广应用前景的科技成果项目总结，按产业进行归类汇编成册，并希望通过此项工作，使农业三新技术能够进一步在实践中推广应用，获得更大的效益。

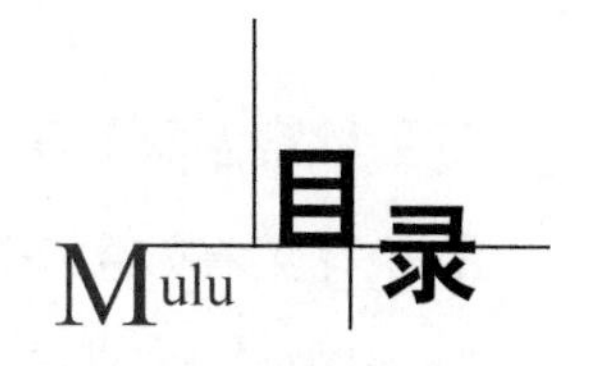

一、粮油产业

二、蔬菜产业

三、畜牧产业

四、茶叶产业

五、水果产业

六、蚕桑产业

七、花卉产业

八、食用菌产业

九、中药材产业

十、生态综合

一、粮油产业

L I A N G　Y O U　C H A N　Y E

水稻叠盘出苗育秧技术

立项背景 针对水稻生产中机插秧育秧取土难、秧苗素质差、育秧技术标准缺乏、现有育秧中心服务能力提升乏力等问题，依托2014年省“三农六方”项目“水稻机插秧育秧模式及技术研究与示范”支持，开展水稻叠盘出苗育秧技术研究。

技术亮点 创新了水稻机插叠盘出苗育供秧模式，设计智能控温控湿出苗室，浸种消毒设施，研制可叠育秧盘、托盘，改进播种装备，开发智能化出苗温湿度检测控制系统，创建了水稻叠盘出苗“1个育秧中心＋N个育秧点”育供秧技术。

取得成果 创新水稻叠盘暗出苗育秧模式，研制系列配套装备及技术。研发“中锦”牌水稻机插育秧基质系列产品，解决了当地机插育秧成苗率低、秧苗质量差、病害严重等问题，并实现产业化生产。在诸暨、嘉善、乐清、天台、衢州、武义等地建设了一批新型育秧模式的育秧中心，为机插育秧提供平台。

经济效益 与以前的智能化育秧中心相比，育秧能力提高6倍以上，育秧成本降低15%。与传统育秧及机插技术相比，该技术实现增产45.6千克/亩（1亩≈667平方米，15亩=1公顷。全书同），实现增产稻谷8.45%；每亩节本增效38.0元。据初步统计，该技术2015—2017年分别应用83.6万、94.8万和113.0万亩，累计应用面积291.4万亩，增产稻谷11 949.3万千克，实现增产增效2.34亿元，节本增效1.00亿元，累计新增纯收益3.34亿元。

水稻叠盘出苗育秧技术

新模式运秧

一个育秧中心

N个育秧中心

传统运秧

"1+N"新育供秧模式

出苗秧盘摆盘　　叠盘出苗机器换人　　技术观摩交流

"叠盘暗出苗供应出苗秧"新育供秧模式现场会

项目承担单位： 中国水稻研究所、浙江省农业技术推广中心

主 要 负 责 人： 朱德峰

旱粮间作套种农机农艺配套技术研究与集成应用

立项背景 旱粮是粮食的重要组成部分。旱粮生产中栽培技术滞后、机械化和社会化服务程度低等问题依然存在。为进一步推进旱粮产业发展，提升旱粮生产经营水平，依托2014年省“三农六方”项目“旱粮间作套种农机农艺配套技术研究”支持，开展旱粮间作套种农机农艺配套技术研究与集成应用。

技术亮点 创新性地构建和明确了鲜食大豆鲜食玉米分带间作隔季轮作、鲜食蚕豆—鲜食春玉米—鲜食秋玉米/秋甘薯、鲜食蚕豆/鲜食春玉米—鲜食夏玉米—秋马铃薯三种旱粮间套作模式等旱粮间套作模式的关键技术。引进或自主研发了鲜食大豆等旱粮的种、栽、收机械，以及研究配套农机与农艺融合技术。

取得成果 首次在国内提出鲜食大豆鲜食玉米分带间作隔季轮作、鲜食蚕豆—鲜食春玉米—鲜食秋玉米/秋甘薯、鲜食蚕豆/鲜食春玉米—鲜食夏玉米—秋马铃薯三种旱粮间套作模式，明确了各种模式的关键技术。引进或自主研发了鲜食大豆、玉米、马铃薯和甘薯的播种、移栽、管理、收获机械，配套研究了农机与农艺融合技术，创新性地组装集成了鲜食大豆全程机械化生产技术、番薯纸册工厂化育苗与机械栽插技术、玉米纸册育苗与机械移栽技术，同时取得了1项发明专利和6项实用新型专利。两年在项目实施区建立各类旱粮间作套种示范方41个，平均年亩产比面上增加25%以上。

经济效益 2015—2016年，各类新型旱粮间作套种模式累计推广面积9.58万亩，增产增收9 546万元；推广大豆、马铃薯、甘薯等机械化作业面积4.76万亩，节本增收763万元。两项合计新增经济效益1.03亿元。

玉米纸册育苗

蚕豆打顶促早栽培套种鲜食春玉米

鲜食大豆与鲜食玉米分带间作

马铃薯机械收获

甘薯收获机

大棚葡萄套种鲜食春大豆

鲜食大豆收获机

项目承担单位： 浙江省农业技术推广中心、浙江省种子管理总站、浙江省农业科学院、浙江省农业机械研究院

主要负责人： 吴早贵

甘薯脱毒微型薯生产及应用

立项背景 浙江省甘薯完全依赖农户自繁自育，缺乏具有一定规模的甘薯种薯种苗繁育企业或专业户，农户自繁自育的传统种薯种苗方式用种量大、生产的鲜薯产量和品质不及脱毒种薯，不能适应产业化的需求。依托2016年省“三农六方”项目“甘薯脱毒微型薯繁育、工厂化育苗及人工种子直播研究与示范”支持，开展甘薯脱毒微型薯生产及应用研究。

技术亮点 构建甘薯脱毒微型薯高效繁育技术，建立了基于甘薯脱毒微型薯的高效生产技术，大幅度降低用种量，提高甘薯产量和品质。

取得成果 建立脱毒微型薯繁育技术体系，全年繁殖系数达到9 000倍，生产5～20克规格的微型薯，亩产微型薯800千克。亩用种量可降低90%以上，从常规的15～20千克降低到1～2千克，薯苗素质与常规薯育苗一致。

脱毒微型薯繁育技术体系

薯苗扩繁与生长阶段

微型薯育苗

经济效益 2017年在浙江省内的遂昌、龙游、乐清、桐庐、开化、诸暨等6个点开展了微型薯育苗示范，育苗面积约5亩，大田示范500亩，节约种薯8 000千克，龙游点示范品种浙薯33经专家测产验收，亩产达到2 417.8千克。甘薯微型薯具有生产繁育和储运方便等特点，杜绝甘薯病毒病及其他检疫性病害，可为全省甘薯产区的种植、育苗大户提供优良的健康原种。

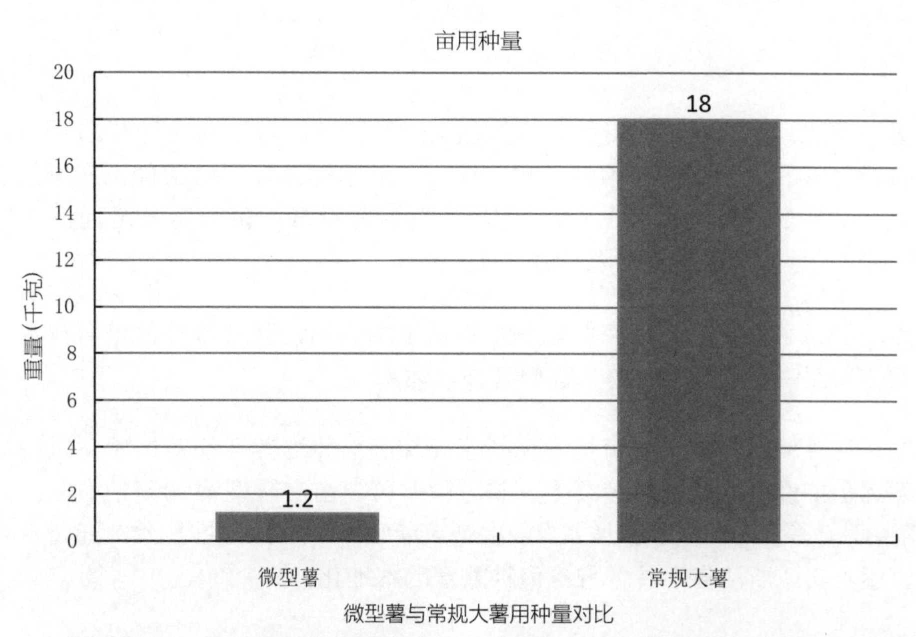

微型薯与常规大薯用种量对比

微型薯

微型薯收获

项目承担单位： 浙江省农业科学院、浙江省农业技术推广中心

主 要 负 责 人： 沈升法

马铃薯脱毒种薯繁育及应用

立项背景 浙江省马铃薯脱毒良种完全依赖从北方调种，每年调入种薯2万～3万吨，也只能满足全省约15%的马铃薯生产用种，其他约85%的用种为农户自留种，产量仅及脱毒种的60%或更低。依托2014年省“三农六方”项目“马铃薯脱毒种薯繁育及全程机械化技术研究”支持，开展马铃薯脱毒种薯繁育及应用研究。

技术亮点 创新了基于无琼脂液体培养及移栽技术的马铃薯脱毒种薯繁育技术，建立适合浙江气候条件和茬口的脱毒微型薯二级繁育技术体系。

取得成果 马铃薯脱毒种薯繁育技术创新了无琼脂液体培养及移栽技术，以脱毒瓶苗为基础，在全隔离防护设施内扩繁薯苗并生产脱毒微型薯，亩产微型薯30万粒左右。衍生技术“马铃薯大棚基质覆盖栽培多次收获技术”多次列入浙江省种植业主推技术。通过本项技术的示范推广，可逐步实现浙江省马铃薯脱毒良种繁育的本地化。

经济效益 2015—2017年在兰溪、诸暨、遂昌、开化、临安、萧山等地开展了脱毒二代小种薯的生产应用示范，普遍亩产在2 000千克以上，与北方调入种薯产量相当，比常规的150千克减少用种量60%。“马铃薯大棚基质覆盖栽培多次收获技术”在兰溪、平湖、桐乡、南浔、萧山等地试验示范，春季单株繁殖系数50，秋季38，马铃薯可提前分批次采收上市，取得较好的效益。

脱毒试管苗

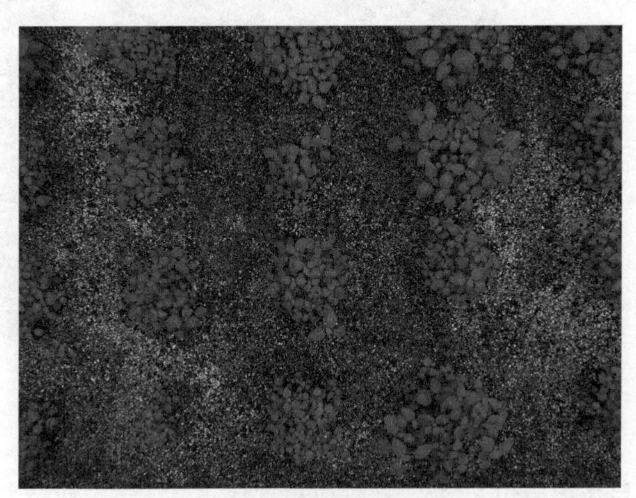

瓶苗移栽繁育微型薯

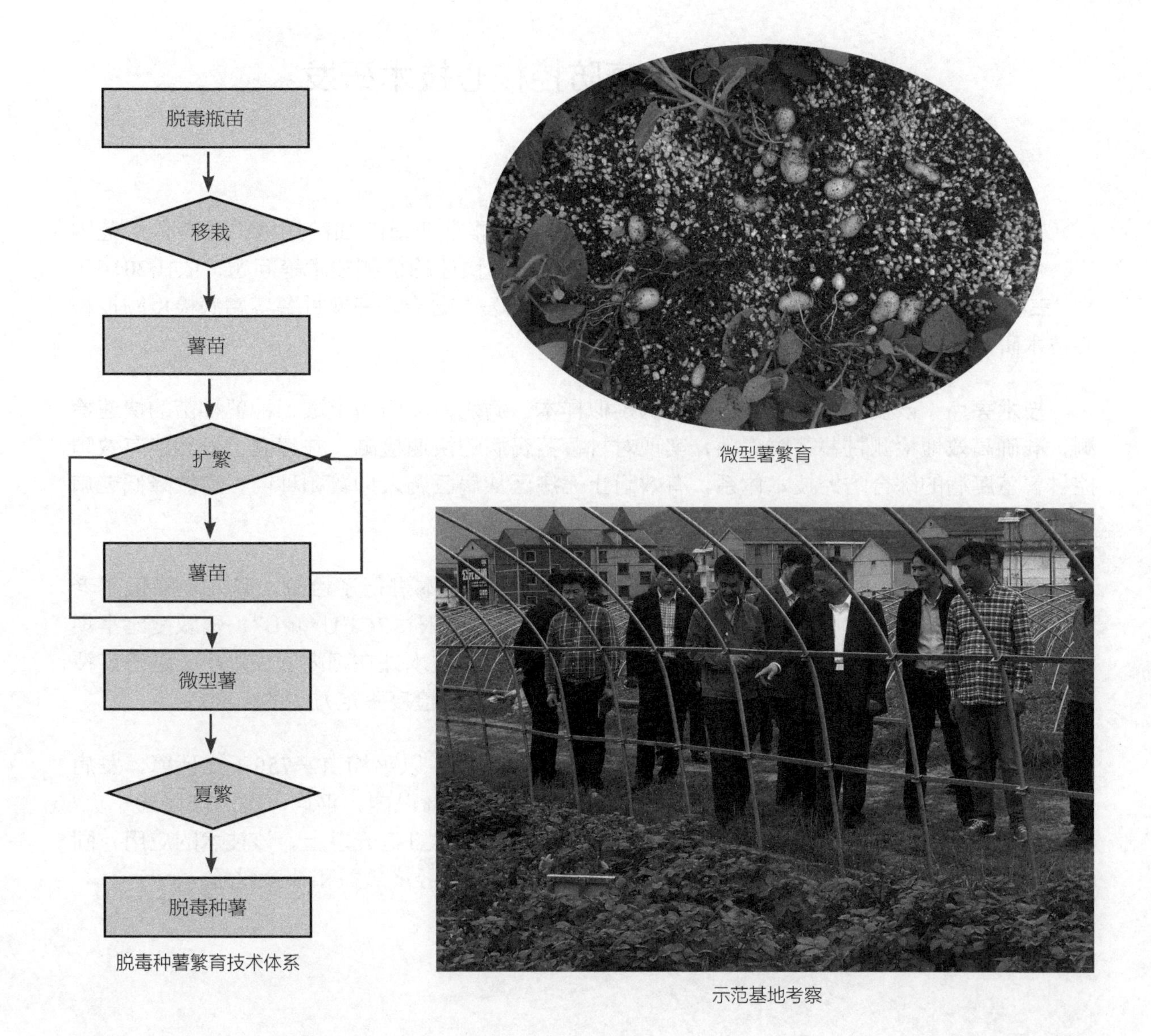

脱毒种薯繁育技术体系

微型薯繁育

示范基地考察

项目承担单位： 浙江省农业科学院
主 要 负 责 人： 吴列洪

甘薯茎腐病检疫防控核心技术研发

立项背景　甘薯茎腐病是近年来我国甘薯上发生非常严重的细菌病害，具有传播范围广、危害大的特点。针对目前国内外缺乏准确、灵敏、快速的检测技术等问题，依托2016年省“三农六方”项目“甘薯茎腐病检疫防控核心技术研发”支持，开展甘薯茎腐病检疫防控核心技术研究。

技术亮点　该技术可用于甘薯茎腐病疑似样本、病残体、田间土壤和种薯种苗的快速检测，准确高效地检测甘薯茎腐病菌，实现对甘薯茎腐病的快速检测。并建立了一套能有效防控甘薯茎腐病的综合防控技术体系，有效阻止无病区从病区调入种薯和种苗，有效降低老病区的株发病率。

取得成果　目前已经应用该技术对浙江省近上千个样本进行了检测，有效地降低了老病区的株发病率，老病区的株发病率在5%以下。检测最低限达2CFU•μL^{-1}，灵敏度比常规PCR检测方法高100倍，且仅需1.5小时即可完成检测。该技术处在国内领先水平，基于该技术已申报专利一项，基于该技术已形成了一套甘薯茎腐病菌检疫鉴定方法的标准。

经济效益　已在全省推广综合防控面积达20万亩以上，以平均亩产750千克计算，发病严重的田产量损失可达50%以上，将病害危害损失控制在5%以内，平均可挽回产量50千克/亩以上，以平均10元/千克价格计算，每年挽回经济损失可达1亿元以上。该技术的应用，同时可以降低杀菌剂的应用，提高甘薯的安全性，带来较好的经济效益和社会效益。

甘薯茎腐病田间早期发病症状

甘薯茎腐病发病薯块初期症状

甘薯茎腐病发病薯块后期整薯腐烂

项目承担单位： 浙江大学
主 要 负 责 人： 楼兵干

机插水稻轻型无土育秧基质

立项背景 随着浙江省水稻机插种植面积的不断扩大，商品化、规模化、标准化育插秧将是水稻生产的必然趋势。针对机械化育插秧中育秧床土的制备、秧苗质量稳定性、育插秧一体化等难题，依托2013年省“三农六方”项目“水稻机插育秧无土有机基质研究与技术集成示范”支持，开展机插水稻轻型无土育秧基质研发。

技术亮点 以50%作物秸秆等农业废弃物资源作为基质的骨架，粉碎粒径为3～5毫米，添加一定比例的其他生物质材料以及有关营养元素、促根剂与灭菌剂等，研制成水稻轻型无土育秧基质。利用作物秸秆等农业废弃物资源研发有机无土育秧基质，实现工农业废弃物资源的循环利用。

取得成果 水稻轻型无土育秧基质较营养土育苗综合质量高10%左右；育成秧苗根系发达、秧苗素质高，盘秧易卷起，育成盘秧重量1.5～2.0千克，长距离和田间运送秧轻便。该技术实现水稻机插育秧技术“傻瓜化”，适合当前生产各种播种流水线，大田旱育秧和大棚育秧，尤其适合于工厂化和商业化集中育苗。该项技术作为中国农科院“水稻增产增效技术集成生产模式”的核心技术，目前该项技术申请专利15项，已获得授权的专利7项。

经济效益 2014年在浙江、广西壮族自治区（以下简称广西）、湖北、安徽、四川、黑龙江等10多个省区开展了2.3万亩轻型无土基质育秧技术试验与示范，取得较好示范效果。2014—2015年在浙江富阳市、永康市、仙居县建立有机基质高效育秧技术示范基地，示范方累计面积1 210亩，集成推广5.82万亩。2015—2017年在黑龙江宝清县、新疆维吾尔自治区（以下简称新疆）阿克苏地区、浙江富阳等地开展了不同规模的轻型无土基质育秧技术集成配套和示范，产量比常规育秧处理高5.3%。2013—2017年该技术在浙江和全国其他地区累计推广面积50余万亩，取得较好示范效果。

项目承担单位：中国水稻研究所
主要负责人：张均华

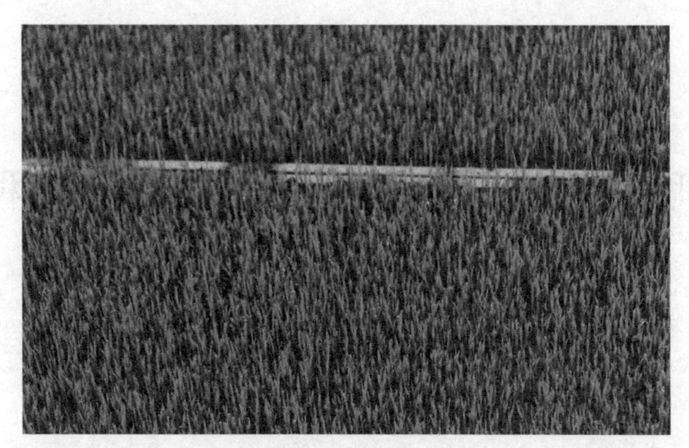

基质育秧出苗情况

基质育秧盘根情况

基质推广应用——大棚育秧

基质推广应用——大田育秧

“一浸两喷、叶枕平定时”打药高效防控稻曲病等水稻主要病虫害技术

立项背景 水稻生长后期常见一种或多种病虫害单独或复合频发、重发，如穗颈瘟、稻曲病、穗枯病等，是影响水稻高产、稳产和优质安全生产的重要生物因素。浙江省水稻种植以粳稻和籼粳杂交稻为主，这类品种特别易感上述病害，导致减产、稻谷污染、品质下降、稻农减收，人、畜禽食用后危害安全和健康。针对上述问题，2016年省“三农六方”项目“稻曲病毒性、发生机理及防治技术研究与应用”立项。

技术亮点 形成了“一浸两喷、叶枕平定时”打药高效防控稻曲病等水稻主要病虫害技术。一浸：指药剂浸种（拌种、包衣）消毒。两喷：水稻后期发生的主要病虫害如稻曲病等最佳防治适期和方法是后期打两次药。一喷：在叶枕平或零叶枕距（剑叶叶枕与倒数第二叶叶枕持平）前1～3天，或田间1/3～1/2的植株达到“叶枕平”时打第1次药；二喷：在水稻破口（始穗，约10%植株抽穗）期打第2次药，该技术突破了稻农在防控水稻穗部主要病害时难以掌握最佳防治时期的瓶颈。

取得成果 形成了“一浸两喷、叶枕平定时”打药高效防控稻曲病等技术。可根据主要

防控技术观摩现场

防控对象确定“主药”，需要兼治的对象添加“次药”，达到一次打药防控多种病虫害。对稻曲病防效为88.92%～94.43%，对穗腐病和穗枯病防效为84.08%～90.34%。

经济效益 使用该技术防治后可挽回稻谷损失5.61%～8.23%，每季稻减少用药1.0～2.7次；节省病虫害防控成本115.7～135.2元/亩，减轻病原菌及其产生的毒素对稻谷的污染。

对照区稻曲病—穗腐病严重

稻曲病—穗腐病防控对照

项目承担单位： 中国水稻研究所
主 要 负 责 人： 黄世文

油菜基质育苗超稀植栽培技术集成与示范

立项背景 培育壮苗是获得油菜高产的基础。在生产中，普遍存在育苗的秧苗素质较低、油菜移栽的活棵返青期较长等问题；一定程度上造成稻油茬口矛盾。依托2014年和2016年省“三农六方”项目“油菜工厂化基质育苗及关键技术研究”“油菜超稀植栽培技术研究”支持，开展油菜基质育苗超稀植栽培技术集成与示范。

技术亮点 根据油菜秧苗生长期间的养分需求，利用海藻泥、生物秸秆和菌渣按一定比列混合，通过生物发酵生产油菜专用育苗基质，养分含量满足了油菜秧苗生长期间的所需。同时，提出了稀植移栽油蔬两用和油菜稀植套种西兰花两种栽培模式，大大提高了经济效益。

取得成果 通过生物发酵研制油菜专用育苗基质。在浙江省浙北移栽油菜主产区，明确了基质育苗油菜适宜播种期为9月15日至10月5日，秧龄控制在40～60天，提出在9月底之前播种条件下，移栽密度每亩3 000～4 000株是可行的。2017年5月27日，浙江农业之最办公室组织专家对位于海宁丁桥镇永胜村的浙油51超稀植移栽百亩示范方进行了测产验收，平均亩产达到251.9千克，并将油菜超稀植栽培技术作为浙江省农业主推技术进行推广。

经济效益 基质育苗比大田育苗节约成本约90元/亩，基质育苗稀植栽培比大田拔苗及传统密度移栽（8 000株/亩）节约成本150元/亩。

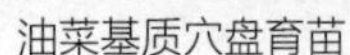

油菜基质穴盘育苗

微喷管喷水

穴盘苗

油菜超稀植栽培田间长势

项目承担单位： 浙江省农业科学院

主 要 负 责 人： 张尧锋

水稻细菌性基腐病防控技术

立项背景 由于水稻细菌性基腐病为突发性暴发病害，以往研究较少，很多农技人员与多数农民对该病害认知较少，水稻后期该病害田间症状与螟虫为害的症状极为相似，因此多以虫害施药防治，施药多次仍不见效，既费人力又费成本。针对上述问题，依托2015年省“三农六方”项目“水稻细菌性基腐病防控技术研究与示范”支持，开展水稻细菌性基腐病防控技术研究。

技术亮点 水稻细菌性基腐病防控技术是以选栽抗(耐)病品种为基础，小秧移栽、适当搁田、合理穗肥等农业措施为关键，结合气象因子适期进行化学防治的防控技术。研究筛选出的2个高效低毒杀菌剂已成为浙江省农业植保部门针对细菌性病害的主要推荐药剂。

取得成果 建立了一种室内水稻品种对细菌性基腐病抗性快速测定的方法。通过22种杀菌剂对细菌性基腐病菌的室内毒力测定，筛选10种药剂进行了对基腐病的防治效果田间试验评价与验证，明确3%噻霉酮WP和40%春雷霉素·噻唑锌SC为防治基腐病的高效低毒药剂。防治适期研究明确为水稻分蘖初和孕穗初。形成水稻全程基腐病的防控技术，大面积示范防治基腐病丛发病率为0.3%，水稻产量损失率在1%以下。

经济效益 该技术已在浙江省宁波、台州、湖州长兴、诸暨、嘉兴等基腐病发生区域开展应用，产生了较为显著的省工省力和节本高效的技术效果，仅宁波稻区2016—2017年累计示范推广达74万亩，两年累计新增效益3 422.15万元。

分蘖初期细菌性基腐病发病症状

灌浆期细菌性基腐病发病症状

水稻细菌性基腐病防控技术研究的应用示范

项目承担单位：浙江省农业科学院

主 要 负 责 人：柴荣耀

迷你甘薯产业化升级关键技术和装备研究与应用

立项背景　迷你甘薯大规模储藏与传统的小规模储藏相比，因其数量过大，在装运和储藏环境等方面会发生较大变化，从而使腐烂率增加。依托2014年省“三农六方”项目“迷你甘薯产业化升级关键技术和装备研究与应用”支持，开展迷你甘薯产业化关键技术研究。

技术亮点　通过甘薯分级机、无损伤薯类清洗机以及微乳化甘薯涂膜保鲜剂的应用，并开发出一套完整的甘薯采后贮藏技术规程，提高迷你型甘薯采后商品化处理环节的效率和生产成本，提高商品甘薯的保鲜完好率，延长甘薯加工企业的生产期。

取得成果　甘薯分级机技术推广应用使生产效率提高到2吨/小时，代替人工8人，效率提高3倍，且破损率≤10%。研发出微乳化甘薯涂膜保鲜剂，具有可食性、微乳化和抑菌性等优点。通过甘薯分级机和无损伤薯类清洗机以及微乳化甘薯涂膜保鲜剂的应用，提高商品甘薯的保鲜完好率，使薯块的保鲜期从常规的1～3个月。使用微乳化甘薯涂膜保鲜剂，能改善外观品质、降低甘薯水分损耗10%、降低呼吸速率、抑菌性，减少采后腐烂5%。

经济效益　通过甘薯分级机和无损伤薯类清洗机以及微乳化甘薯涂膜保鲜剂的应用，商品甘薯保鲜期延长到6个月左右在冬春季节供应市场，一般可使甘薯增值1～3倍，若将精品甘薯再经精细包装，可增值3～5倍，甚至更多。通过甘薯分级机技术推广对天目小香薯清洗、分级，生产效率为2吨/小时，代替人工8人，效率提高3倍。

微乳化甘薯涂膜保鲜剂

微乳化涂膜保鲜剂应用

甘薯清洗、分级机

项目承担单位： 浙江农林大学

主 要 负 责 人： 杨虎清

农作物重大害虫自动预警

立项背景 传统预测预报需要大量的人力、物力投入，且存在数据调查的记录环节较多、主观因素影响较大、效率偏低、数据时效性较差等问题，从而影响害虫及时准确地预测预报，对害虫的危害不能准确预估。传统的测报方法和效率已不能满足现代科学技术的发展。依托2015年省“三农六方”项目“农作物重大害虫自动监测预警技术研究”支持，利用现代化移动互联技术和大数据分析技术，开发数据收集终端，架构数据传输和运算中心，建设面向终端用户的测报平台。

技术亮点 发明了可用于水稻主要害虫褐飞虱、灰飞虱、白背飞虱和二化螟、稻纵卷叶螟等害虫田间自动测报装置。开发了数据分发和共享的App，用移动终端可实时监测测报装置的运行状态并可查看实时数据。

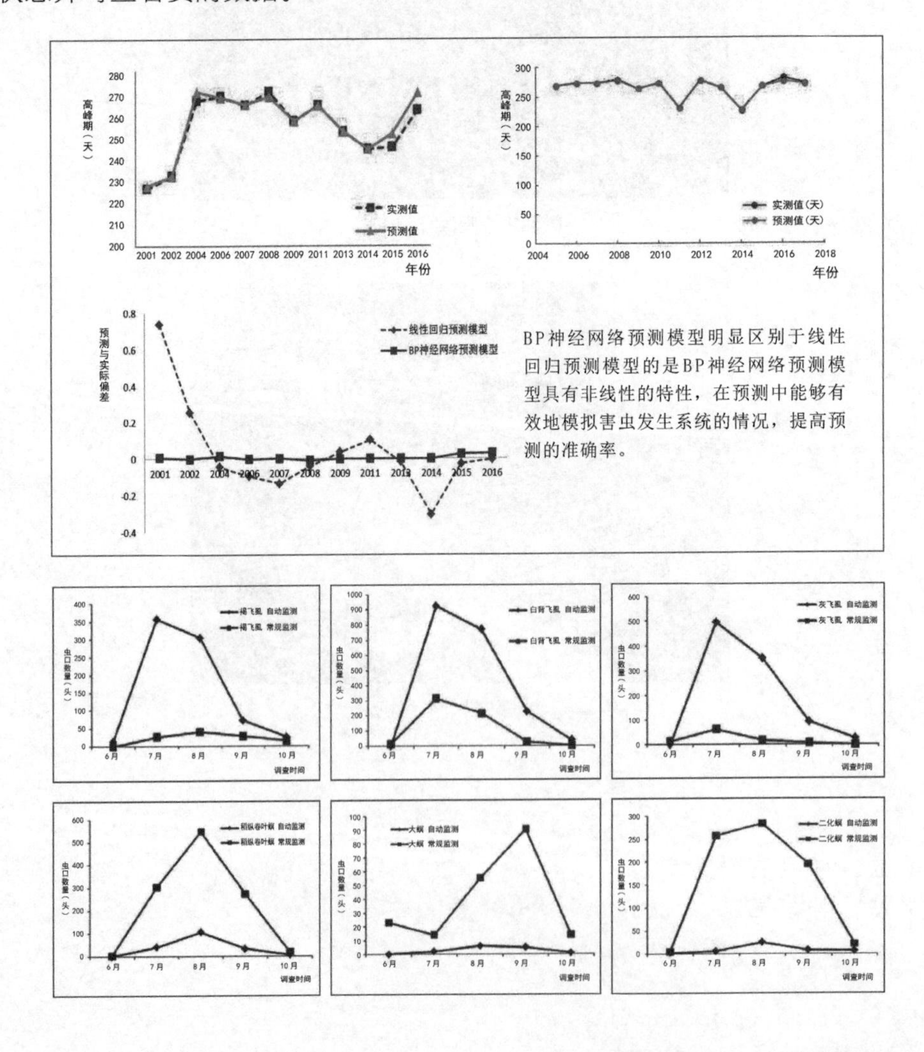

取得成果　害虫田间自动测报装置与常规人工调查比较，害虫发生的关键期(害虫始见期、高峰期)基本一致，且图像识别的准确率达90%以上。并应用神经网络原理(BP)，构建了适用于行政县域范围的害虫测报模型，可提前30天预测害虫高峰期，经萧山、浦江等地试验，准确率在90%以上。此外，开发出数据分发和共享的App，高效快捷的实时监测测报装置的运行状态和实时数据。

经济效益　该研究成果直接由合作企业转化成产品，目前已在杭州、丽水、宁波、金华等地设置测报点，并用移动终端实时收集害虫数量的动态变化和监测设备的运行状态。

自动测报装置

人工查虫工作强度大，需要丰富的实际操作经验；自动测报可大幅度降低对人员技术经验的依赖，减轻田间操作的人力物力投入。根据调查结果显示：两种调查方法调查三种稻虱和三种螟虫的高峰期一致，没有明显差异。

项目承担单位： 浙江农林大学

主 要 负 责 人： 吴慧明　于　博

高活力水稻种子生产关键技术研究与应用

立项背景　以浙江省主要水稻种子规模生产与种植地区为研究区域，筛选、鉴定浙江省高活力水稻种质资源，快速掌握种子质量状况，确保安全贮藏和农业生产安全用种。依托2012年省“三农六方”项目“高活力水稻种子生产关键技术研究与示范”支持，开展高活力水稻种子生产关键技术研究与应用。

技术亮点　自主研发出能准确、快速进行水稻种子活力氧传感检测方法，特别适合对不同贮藏和处理种子的活力状况进行快速评判。研发的一种提高杂交水稻种子活力的田间外源激素喷施方法（授权两个国家发明专利）简单方便、周期短、成本低、见效快，可有效增强杂交水稻种子的活力。

取得成果　建立了水稻种子活力氧传感快速检测技术体系，实现了不同类型水稻种子活力的快速鉴定。另外，通过明确环境因子、收获期、粒位、种子形态特征对种子活力的影响，并优化高活力种子生产条件，制定高活力水稻种子生产技术规程，建立了高活力水稻种子生产技术体系。

经济效益　示范企业不仅实现了水稻种子活力的快速检测，而且每年生产的杂交稻种子发芽率均稳定在85%以上，活力水平得到明显改善。可使种子销售利润增收约100万元以上；对水稻种植户来说，每亩可减少用种量0.15千克左右，节省成本10～12元/亩。

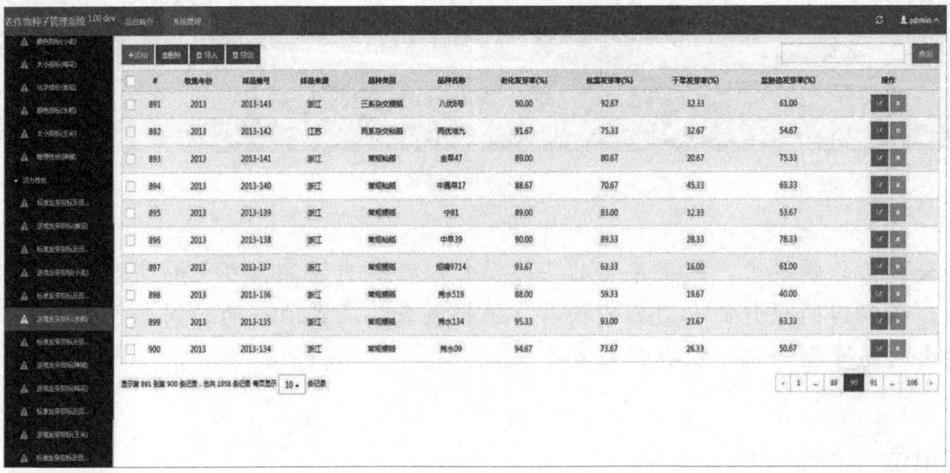

种子数据库查询系统V1.0

种子活力氧传感快速测定

赶粉后外源激素喷施

项目承担单位： 浙江农林大学、浙江省农业科学院、浙江省种子管理总站
主 要 负 责 人： 赵光武　曹栋栋　严见方

马铃薯主粮化技术研究与应用

立项背景 马铃薯是浙江省继水稻、小麦、玉米后的第四大粮食作物，以马铃薯全粉和新鲜马铃薯为主要原料，研发适合消费者习惯的马铃薯主食产品，以及生产加工技术、工艺和设备，通过宣传推介，引导消费，提高马铃薯种植效益，扩大马铃薯生产。

技术亮点 以马铃薯全粉或新鲜马铃薯为主要原料研发出适合浙江居民消费习惯的马铃薯系列主食产品。创新马铃薯全粉加工技术工艺，研发出适合浙江省生产实际的小型马铃薯全粉生产技术和生产机械。

取得成果 项目研发出马铃薯系列主食产品12个，创新马铃薯全粉加工技术工艺，培育马铃薯主食加工企业，多渠道宣传推介马铃薯主食产品，从而引导消费，以消费促进生产，近二年全省累计新增马铃薯播种面积18.64万亩。

经济效益 2016—2017年相关企业生产销售马铃薯主食产品3 500吨，经济效益300万元。多渠道宣传推介马铃薯主食产品的营养保健功能，引导大众健康消费理念，以健康、营养为亮点，积极拓展马铃薯加工产品销售市场和马铃薯产品利用渠道，推进国家马铃薯主食化战略。

马铃薯全粉　　马铃薯发糕　　马铃薯包子

项目承担单位： 浙江省种植业管理局

主 要 负 责 人： 蔡仁祥

宣传推介马铃薯主食产品

浙油51高产栽培与制繁种技术规程

立项背景 浙油51是浙江省农业科学院育成的油菜新品种，高含油量、高产量、抗逆性强，是浙江省油菜主导品种。通过开展和熟化浙油51高产栽培技术研究，推进浙油51的产业化进程。依托2015年省“三农六方”项目“浙油51”高产扩繁暨栽培技术集成与示范支持，开展浙油51高产栽培与制繁种技术研究。

技术亮点 通过对“浙油51”高产扩繁和高产栽培配套技术的研究和推广，为新品种大面积推广提供示范样板和技术支撑，提高技术到位率，加速科技成果转化为现实生产力。

取得成果 建立示范方8个，高产攻关田3个，总结形成浙油51优质高产栽培与制繁种技术规程。2015年5月26日，浙江省农业厅组织有关专家对余姚市阳明街道芝山村浙油51直播示范方进行产量验收，百亩示范方平均亩产235.2千克，单块最高产量250.2千克/亩，双创直播油菜“浙江农业之最”。

经济效益 项目实施期间建立浙油51繁种基地近2 000亩，平均产量约160千克/亩，亩增效益200元，农户增收40万元；全省累计推广133.0万亩，按亩产增收50元计，6 650万元。

直播高产攻关田(余姚)

移栽高产攻关田(桐庐)

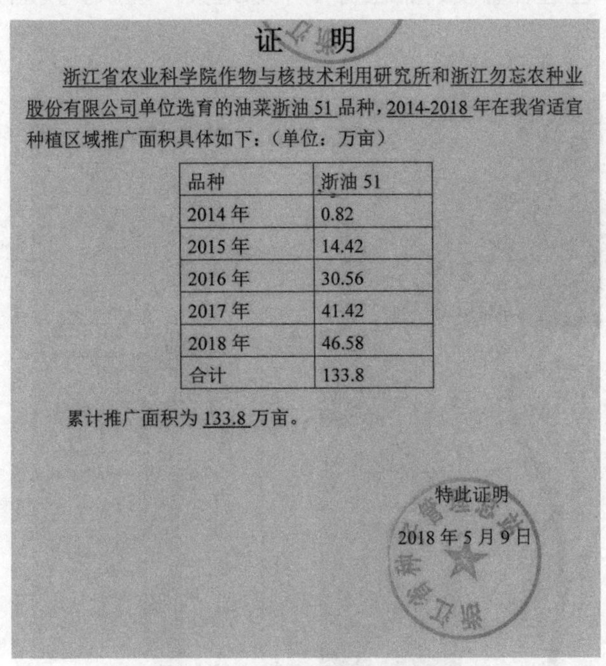

证　明

浙江省农业科学院作物与核技术利用研究所和浙江勿忘农种业股份有限公司单位选育的油菜浙油 51 品种，2014-2018 年在我省适宜种植区域推广面积具体如下：（单位：万亩）

品种	浙油 51
2014 年	0.82
2015 年	14.42
2016 年	30.56
2017 年	41.42
2018 年	46.58
合计	133.8

累计推广面积为 133.8 万亩。

特此证明

2018 年 5 月 9 日

推广面积证明

项目承担单位： 浙江勿忘农种业股份有限公司

主 要 负 责 人： 张泉锋

利用稻镰状瓶霉生物防治稻瘟病

立项背景 在资源紧张、环境破坏的严峻形势下，针对水稻生产上因品种抗性丧失、气候异常等造成稻瘟病暴发蔓延对水稻安全生产造成威胁的问题，依托2017年省“三农六方”项目“利用水稻内生真菌防治稻瘟病”支持，开展利用稻镰状瓶霉生物防治稻瘟病技术研究。

技术亮点 分离获得具备良好定殖力的有益内生菌菌株，通过以菌治菌的方式，利用野生稻内生真菌稻镰状瓶霉诱导栽培稻产生系统抗性防治稻瘟病，集成一套内生真菌田间防控稻瘟病使用技术。创新稻瘟病防控产品，填补国内通过内生菌防治水稻病害的空白。

取得成果 该防治方法能最大程度保护现有主栽品种，通过诱导产生抗性来弥补品种抗性丧失问题；只需兼治一次，不需额外费工；不易产生抗药性，无污染无残留，利于保护害虫的天敌、有益生物和土壤微生物。稻镰状瓶霉菌剂（稻瘟病免疫诱抗剂）在水稻移栽后7～15天使用一次即能有效防治穗颈瘟的发生，防效达72.4%，优于目前使用的化学或生物农药（6%春雷霉素防效70.0%、1 000亿个/克枯草芽孢杆菌防效52.0%）。

经济效益 该技术已经在临安、萧山等多个基地推广应用。挽回直接经济损失平均200元/亩以上。

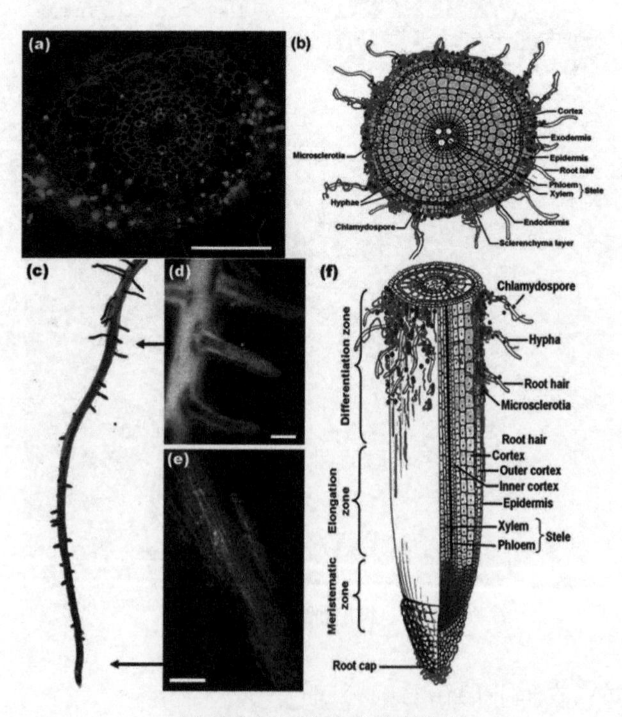

内生真菌在水稻根部的定殖模式

菌落 (a) PDA 7 d 25℃；(b) MEA 7 d 25℃；(c)PDA 25 d 25℃

形态特征：分生孢子梗，产孢瓶梗，分生孢子

暗色有隔内生真菌

内生真菌促进植物生长

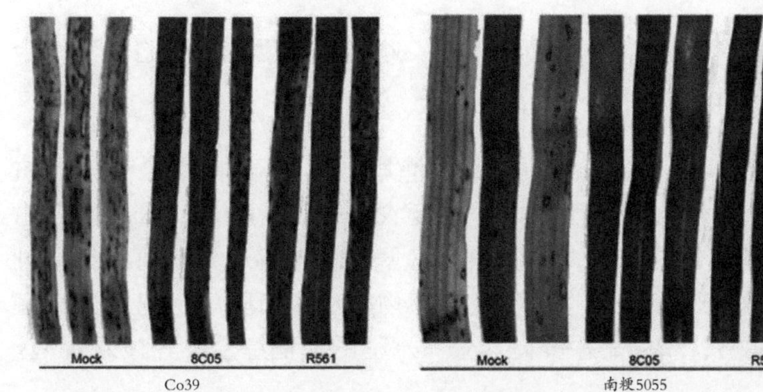

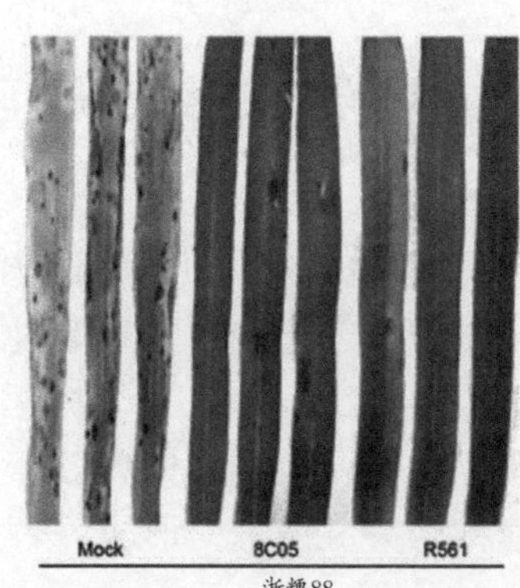

Co39　　南粳5055　　浙粳88

内生真菌室内诱导抗性试验

内生真菌处理
病情指数 1.7%
防效 85.2%

对照
病情指数 11.3%

内生真菌田间小区试验

项目承担单位： 浙江大学

主 要 负 责 人： 林福呈

渔塘种稻关键技术集成与示范推广

立项背景 水稻是浙江省最重要的粮食作物。2013年中央经济工作会议明确把“切实保障国家粮食安全”作为经济工作六项任务之首，要求“谷物基本自给、口粮绝对安全”。发展养殖池塘种稻，创新水稻增产方式，是浙江省水稻生产发展的重要补充。完善和推动渔塘种稻这一新型复合种养模式的应用，对于浙江省水稻增产、池塘养殖减排和农户增效具有重要意义。

技术亮点 发展渔塘种稻，形成黄颡鱼、沙塘鳢、青虾、小龙虾、蟹+水稻的渔稻综合种养技术规范，创新水稻增产方式。

取得成果 项目筛选出籼型、粳型和籼粳中间型三大类渔塘专用稻品种6个，分别在杭州、金华、宁波、嘉兴等地进行区试，在产量、生育期、主要农艺性状、抗性、米质等各方面均表现良好；开展渔塘稻作生态环境效应研究，试验表明渔塘种稻能够有效改善水体基础理化性质、降低水体总氮和总磷含量、改善养殖池塘塘底沉积物—水界面厌氧状况；集成渔塘种稻关键技术，形成黄颡鱼、沙塘鳢、青虾、小龙虾、蟹+水稻的渔稻综合种养技术规范。

经济效益 全省共设示范点22个，历年累计示范面积16 969亩，带动养殖户增产增收。以杭州为例，根据杭州水产技术推广站的检测数据，2014年示范推广池塘种稻1 034亩，经测算，水产品产量为474.8吨，稻谷产量130.6吨，共计产值1 486.5万元，产生经济效益467.2万元，每亩池塘增收691.5元。

渔塘种稻示范推广

中国水稻研究所富阳试验基地关键技术集成与示范推广

项目承担单位：中国水稻研究所、浙江大学、浙江省种植业管理局
主 要 负 责 人：方福平

水稻品种抗瘟性衰退预测

立项背景 稻瘟病菌小种快速变异和种群演替是造成水稻抗性丧失，进而导致稻瘟病灾害的主要原因。因此，长期持续地收集稻瘟病标样，探索和改进抗性单基因生理小种鉴别体系，及时准确地掌握浙江省稻瘟病菌致病型及种群演替，是指导浙江省稻瘟病防控的重要工作。依托2016年省“三农六方”项目“浙江省水稻主栽品种抗瘟性衰退预测及其在病害防治中的应用”支持，开展水稻品种抗瘟性衰退预测研究工作。

技术亮点 单孢分离法分离和鉴定出Piz5、Pi9和Pizt在浙江省抗稻瘟病育种中具有较高的利用价值。利用7个中国稻瘟病菌小种鉴别品种对其进行稻瘟病菌小种分析，明确了浙江省各稻区稻瘟病菌主要的生理小种组成。

取得成果 通过单孢分离法分离和鉴定浙江省各稻区稻瘟病菌菌株300株以上，明确了浙江省稻瘟病菌主要以强致病菌株为主，Piz5、Pi9和Pizt在浙江省抗稻瘟病育种中具有较高的利用价值。并利用7个中国稻瘟病菌小种鉴别品种对其进行稻瘟病菌小种分析，初步推断菌群结构的快速演替，菌株群体致病力的提升，是引起近年来浙江省稻瘟病多地发生的重要原因之一。室内抗性测定得到浙江省主推品种中比较抗病的品种有Y两优1号、Y两优900、春优84等16个。

项目承担单位： 浙江省农业科学院
主 要 负 责 人： 邱海萍

经济效益　水稻品种抗瘟性衰退预测为浙江省稻瘟病防控提供重要依据。在利于发病的环境条件建议种植抗病性优良的水稻品种，避免种植感病品种，减少不必要的损失。

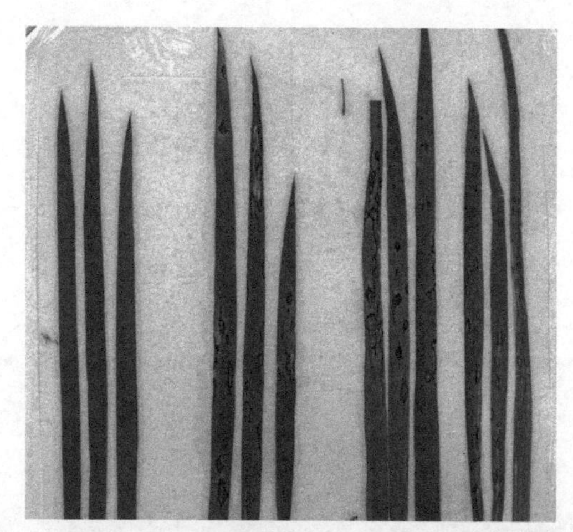

稻瘟病菌株16-164-2对水稻浙粳99、甬优8号、粤优938、甲农糯的致病性

甬优15发病情况

温室抗性鉴定

二、蔬菜产业

S H U　C A I　C H A N　Y E

大棚芦笋周年生产关键技术与高效生产模式

立项背景 针对目前芦笋种子来源混乱，市场良莠不齐的现状，筛选并培育适合浙江省以及周边区域生产的大棚芦笋优良新品种来替代“格兰特”等老一批栽培品种，使广大笋农摆脱了无良种可用的尴尬境地。依托2015年省“三农六方”项目“大棚芦笋周年高效生产模式研究与示范”支持，开展大棚芦笋周年生产关键技术研究。

技术亮点 研发了芦笋冬春季嫩茎增温早熟促发技术，可使芦笋嫩茎提前20天左右出笋，嫩茎早春产量增加26%。研发了芦笋根株无土快速培养及高密度反季节栽培技术，实现优质芦笋工厂化、集约化生产，达到常年生产、周年供给。建立了一套土壤生态消毒与清园消毒相结合的大棚芦笋连作高产措施，突破了芦笋老基地需要多年轮作的传统技术。

取得成果 通过筛选并培育了一批适合浙江省以及周边区域生产的大棚芦笋优良新品种，研发芦笋冬春季嫩茎增温早熟促发技术，集成留母茎技术、避雨栽培技术、快速育苗技术、微灌节水灌溉技术、水肥管控一体化技术以及有机基质栽培技术等配套生产技术，基本实现了芦笋的周年生产与周年供给。新建芦笋新品种以及新技术示范栽培基地2 900多亩，示范应用了早熟覆盖促发技术研究，使芦笋嫩茎提前上市，大幅提高嫩茎产量。建立了一套高效的间作套种技术等新型栽培模式，在节约劳动力的前提下，利用间作套种技术使得芦笋产值增加15%以上。

大棚芦笋春季多重覆盖促发技术

经济效益 大棚芦笋长季节生产、间作套种栽培新模式，示范基地绿芦笋年产量明显提高，亩产量可达2 500千克以上，增产65.3%以上，采收期较当前栽培模式延长45天以上，亩产值可达15 000元以上，亩增效益4 600元。近3年累计在浙江省、江苏省、安徽省以及山东省等地推广芦笋新品种以及新技术面积达5.021万亩次，累计新增产值2.85亿元。

大棚芦笋免耕套种马铃薯

大棚芦笋早春套种马铃薯，收获期提前

项目承担单位： 浙江大学、浙江省种植业管理局

主要负责人： 卢 钢

设施番茄、草莓、西兰花健康栽培技术模式

立项背景 针对番茄草莓西兰花等蔬菜集约化栽培出现的土壤障碍严重，肥水利用率低，流失污染加大，病虫害难以控制等问题，依托2015年省“三农六方”项目“番茄、西兰花安全高效施肥用药技术集成示范”支持，开展设施番茄、草莓、西兰花健康栽培技术研究。

技术亮点 开发了以海藻酸为主体的土壤健康调理剂，并对栽培蔬菜土壤进行健康管理，减少土壤酸害和盐害，改善土壤理化性状，减少病虫害。开发了有机缓释肥料和有机水溶性肥料，构建了番茄、草莓、西兰花等蔬菜养分健康管理技术，实现化肥减量20%～30%，节本增效显著。开发了纳米抗菌(光触媒杀菌)技术，设施栽培番茄和草莓使用纳米抗菌剂喷雾和纳米空气净化器，实现减农药30%～50%栽培，配合防虫网和以肥代药技术可以实现无农药栽培。

取得成果 通过开发以海藻酸为主体的土壤健康调理剂、有机缓释肥料和有机水溶性肥料，纳米抗菌(光触媒杀菌)技术等，构建设施番茄、草莓、西兰花健康栽培技术模式。项目实施两年多建立试验示范基点25个，示范面积5 000多亩，平均化肥减量每亩21千克，化肥减施平均26%，节本增效显著；其中草莓安全健康栽培技术模式，在试验基地实现了无农药栽培，草莓的安全健康优质产品收到了消费者的青睐。

经济效益 浙江省设施草莓面积9万亩左右，番茄面积23万亩左右，西兰花面积20多万亩，推广健康栽培技术，对于化肥农药减量，有机替代化肥，节本增效，以及生产优质安全健康的农产品有着十分重要意义。

草莓土壤健康管理(左)和常规管理(右)比较前期发苗情况

草莓架式栽培水肥一体化养分管理

番茄长季节健康栽培模式

番茄肥水健康管理（左）和常规管理（右）长相比较

项目承担单位： 浙江大学
主 要 负 责 人： 石伟勇

甜瓜简约化栽培关键技术研究与示范

立项背景 针对浙江省甜瓜栽培中存在技术环节多、用工量大、低温冻害以及果实商品率低等问题，依托2015年省“三农六方”项目“甜瓜简约化栽培关键技术研究与示范”支持，开展甜瓜轻简化技术集成研究与示范。

技术亮点 筛选出适合浙江省不同季节栽培的早春爬地、春季立架和秋季立架栽培的甜瓜品种；研究早春甜瓜栽培低温情况保温保果技术；研究集成示范了甜瓜轻简化技术；为解决低温冻害以及果实商品率低的问题提供方法，减少了过量施肥及施肥成本过高的情况，并在一定程度上缓解了目前设施栽培甜瓜需工量多、劳动强度大等实际问题。

取得成果 通过筛选出适合浙江省不同季节栽培的甜瓜品种，研究春提早栽培甜瓜提质增效技术，引进适宜甜瓜栽培的轻简化器械，开展免整枝、蜜蜂授粉等简约化技术。利用宇花灵处理，使叶片变小，植株生长健壮，提高产量，减少整枝劳动力。2016—2017年先后在湖州、台州、宁波等地开展甜瓜简约化栽培技术培训5次，推广设施甜瓜轻简化栽培技术，参加培训的技术骨干及农户累计200余人次。

经济效益 累计推广技术成果500亩次，亩节本增效1 000元以上。2016—2017年，在湖州、台州、嘉兴、宁波等地建立甜瓜简约化栽培示范基地。示范基地甜瓜品质优秀，选送参赛多次获奖。

甜瓜品种比较筛选

卷膜机的引进

甜瓜轻整枝技术(宇花灵和对照主侧蔓生长情况对比)

项目承担单位： 浙江大学
主 要 负 责 人： 叶红霞

夏秋高温季节速生白菜轻简化栽培技术集成与示范推广

立项背景 夏秋高温季节白菜存在产量低、品质差、质量安全隐患、劳动力成本高等问题，严重制约夏秋季速生白菜生产。依托2014年省“三农六方”项目“夏秋季速生叶菜适栽品种筛选及轻简化技术集成与示范”支持，开展夏秋高温季节速生白菜轻简化栽培技术集成与示范。

技术亮点 针对夏秋季速生白菜生产的主要问题，筛选出耐热性强、高产、产品符合浙江省消费的速生白菜品种，研究提出了一套夏秋季速生白菜环境调控及草、虫防控技术，并制定了夏秋季速生叶菜栽培技术规程。

取得成果 通过品种筛选、耕作机械引选、光温水调控、草害及虫害防控等方面集成夏秋高温季节速生白菜轻简化栽培技术。筛选出耐热性强、高产、产品符合浙江省消费的速生白菜品种8个，其中“早熟长江5号”等“苗用型”大白菜新优品种4个、“金品104”等青梗菜新优品种4个，播种后24天和35天亩产量分别达到1 100千克和1 700千克以上。引进筛选出适合在大棚中操作的耕作和播种机械，每亩每茬减少劳动用工4工以上，缓解了夏秋季速生白菜生产中对人工的依赖。

经济效益 2014—2017年，先后在湖州、杭州、绍兴、衢州、台州、宁波等地开展夏秋季速生叶菜技术培训13次，夏秋季速生白菜轻简化栽培技术累计推广10余万亩次，亩增产量400千克以上，亩节本增效2 000元以上。多个成果示范基地均为2016年G20峰会叶菜供应基地，示范基地对峰会叶菜供应发挥了积极的作用。

项目承担单位： 浙江大学、浙江省种植业管理局
主 要 负 责 人： 汪炳良

专家对夏秋季栽培的白菜品种进行现场测产

夏秋季白菜栽培中的杂草控制效果
（右上:25倍艾敌达处理，左下:清水对照）

青梗菜采用播种流水线育苗、人工移栽防草技术模式

遮阳网降温及防虫网防虫
（左：青梗菜，右：苗用型大白菜）

夏秋季利用育苗床架栽培速生白菜模式

夏秋季速生叶菜轻简化技术现场观摩
（土壤深松机耕作）

松花菜高效生产模式集成示范与推广

立项背景 浙江省近两年出现松花菜上市期过于集中，种植效益下降，菜农丰产不丰收的现状。针对国庆节前后和清明节前两个传统蔬菜上市淡季，有效拓宽松花菜上市周期，从而保证种植户和消费者双方的利益。依托2015年省“三农六方”项目“松花菜高效生产模式集成示范与推广”支持，开展夏松花菜高效生产模式集成示范与推广。

技术亮点 研究提出“毛豆/水稻—松花菜（50天）—松花菜（100～120天）”和“西瓜/早稻—松花菜（50～70天）—松花菜（100天）”等松花菜一年两熟高效种植模式。自主培育与高效种植模式配套的早熟耐热型松花菜新品种“浙农松花50天”。

取得成果 研究提出松花菜一年两熟高效种植模式，使种植效益显著提升。自主培育松花菜新品种“浙农松花50天”，早熟耐热性极佳，在浙北地区可在国庆节前上市，种植效益显著。并优化松花菜加工工艺，形成一套符合规模化生产要求及满足产品质量要求的标准化生产加工技术规范，使脱水青梗松花菜符合无公害食品以上级别要求，并在全省范围内以农业企业和专业合作社为载体，建立了松花菜“鲜销—加工”产销模式。

经济效益 提出的“毛豆/水稻—松花菜（50天）—松花菜（100～120天）”和“西瓜/早稻—松花菜（50～70天）—松花菜（100天）”等高效种植模式，两季松花菜合计亩均净收益均可达10 000元以上。在嘉兴海盐县、杭州萧山区、温州瑞安等地建立高效种植模式核心示范方7个，示范面积500亩，种植效益达500万元；松花菜高效种植及“鲜销—加工”模式集成示范5 000余亩，收购松花菜1万吨以上，种植产值2 500万元。新生产模式示范在项目执行期间辐射浙江省及福建省、安徽省、江苏省等地，累计总面积2万余亩。

松花菜高效生产模式配套技术示范

海盐育苗示范（左）、瑞安保鲜运输示范（右）

与高效模式配套的"浙农松花50天"花球(左)和田间(右)表现

松花菜脱水加工生产线

切分(左上)、漂烫(右上)、烘干(左下)等关键技术环节和松花菜干样品(右下)

项目承担单位：浙江省农业科学院

主 要 负 责 人：赵振卿

大棚草莓高品质清洁栽培技术研究与推广

立项背景 草莓不耐贮运，消费者喜欢风味好的果品，浙江省草莓产业呈现出当地种植就近销售的趋势，微信和电商的普及，草莓进入“粉丝销售”模式，注重风味（品种）和品牌（安全性、熟悉的种植户）。依托2016年省“三农六方”项目“大棚草莓标准化生产关键技术集成研究与示范”支持，开展大棚草莓高品质清洁栽培技术研究与推广。

技术亮点 筛选出的草莓品种“越心”和研究提出大棚草莓优质清洁栽培技术、大棚草莓生产技术规程在全省草莓主产区示范推广。大棚草莓优质清洁栽培技术集成土壤改良、健壮栽培、清洁管理与病虫害绿色防控等，并作为2018年浙江省主推技术进行推广应用。

取得成果 通过筛选优质抗病、特色草莓品种，提出了适期定植、分段性施肥、合理棚室管理和清洁管理等栽培措施，筛选出高效低毒农药，配套使用捕食螨方法防治螨类，形成了一项大棚草莓优质清洁栽培技术规程。“越心”草莓具有风味好、抗病性强等优点，深受消费者和种植户喜欢，且效益显著，2016—2018年连续三年列入浙江省主导品种。

经济效益 以“越心”栽培面积最多，尤其适合观光采摘和就近销售，示范推广以来获得了好评，在全省种植面积约4 000亩，销售价格比红颊、章姬要高出10～20元/千克，估算亩增产值约10 000元。

大棚草莓高品质清洁栽培模式

草莓立架栽培

以螨治螨

“越心”草莓

项目承担单位： 浙江省农业科学院
主 要 负 责 人： 蒋桂华

突发性番茄新病害的诊断及关键防控技术研究与应用

立项背景 近年来，苍南等地番茄基地出现了一种突发性的黄叶枯萎病害，严重威胁着番茄的丰产丰收。依托2016年省“三农六方”项目“突发性番茄新病害的诊断及关键防控技术研究与应用”支持，开展相关研究。

技术亮点 经过田间调查、病样采集、实验室分离、柯赫法则验证、病原形态学研究、分子生物学研究等工作确诊了突发性番茄新病害是由病原菌Fusarium oxysporum侵染引起。并研发出一套以水稻与番茄同年轮作、大棚高温闷棚、抗病嫁接技术为核心，结合土壤调理技术、改进施肥技术、药剂防治的突发性番茄新病害综合治理技术，防治效果达95%以上。

取得成果 通过确诊突发性番茄新病害的病原，同时对生产上的番茄主栽品种和砧木品种进行了抗病性评价，筛选出中抗以上的番茄主栽品种3个，抗病砧木品种4个；并研发出了1种酸化土壤调理剂和筛选出了3种防治药剂。研发出一套以水稻与番茄同年轮作、大棚高温闷棚、抗病嫁接技术为核心，结合土壤调理技术、改进施肥技术、药剂防治的突发性番茄新病害综合治理技术。

经济效益 至2018年1月，在苍南县和瑞安市分别开展技术推广26 000亩次和4 500亩次，合计示范推广30 500亩次，使番茄黄叶枯萎病的发病率从开始的33.3%以上，下降到0.6%以下，防治效果达95%以上。

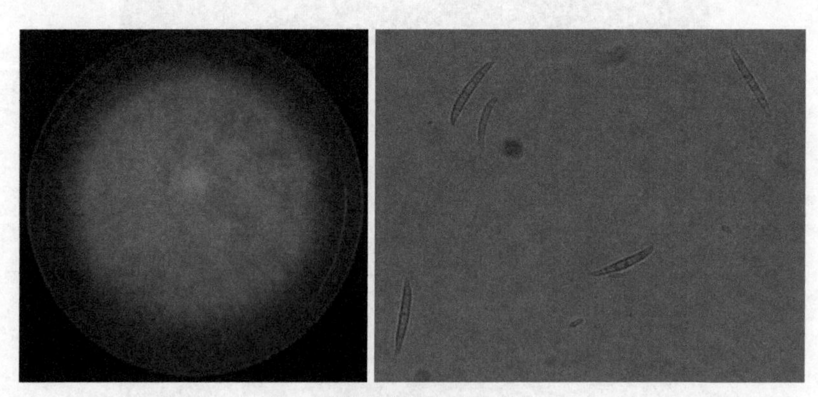

主要病原菌尖孢镰刀菌

项目承担单位： 浙江省农业科学院

主 要 负 责 人： 王汉荣

番茄黄叶枯萎病症状

番茄黄叶枯萎后期症状

番茄黄叶枯萎病防控技术示范

茭白、莲藕高效安全生产关键技术研究与集成应用

立项背景 莲藕生产存在采收费时、机械化效率低、病害严重等问题；茭白生产中化学农药使用次数较多造成面源污染和产品质量安全等问题。为解决上述问题，进一步为生产绿色产品、促进农民增收、改善农田生态环境提供技术支撑，依托2015年省“三农六方”项目“茭白、莲藕生产关键技术集成与示范”支持，开展茭白、莲藕高效安全生产关键技术研究与集成应用。

技术亮点 研究提出的藕塘铺膜栽培莲藕省工节本提质增效关键技术，解决了莲藕采收费时、机械化效率低、病害严重问题；创新了茭白大棚薄膜+地膜双膜覆盖栽培技术模式，夏茭采收期比大棚单膜提早7～10天，茭白产量品质明显提高，初步阐明了茭白促早熟的机制；率先开发出手机上使用的“茭白高效绿色生产技术App系统”。

取得成果 研究出藕塘铺膜栽培莲藕省工节本提质增效关键技术、茭白大棚薄膜+地膜双膜覆盖栽培技术模式，茭白—鳖(鸭)、莲藕—鳖(鱼、泥鳅)立体种养模式关键技术，创建基于昆虫性信息素、黄色粘虫板、种养结合、高效低毒农药的“物理防治+生物防治+绿色农药”的茭白(莲藕)病虫害绿色防控技术体系。

经济效益 创新的茭白大棚薄膜+地膜双膜覆盖促早熟栽培模式占桐乡市大棚茭白面积的90%以上，每年以20%～30%速度向其他大棚茭白产区推广；筛选出的高效诱集二化螟性诱剂产品和斜纹夜蛾性诱剂产品正在全省茭白、莲藕产区大面积推广应用；茭白—鳖(鸭)和莲藕—鳖(黑鱼、泥鳅)等5种高效生态种养模式及其配套技术以及茭白、莲藕病虫害绿色防

茭白大棚+地膜双膜覆盖模式

控技术已在全省主要茭白、莲藕产区推广应用。该成果集成品种、栽培技术、种养结合、绿色防控、手机App推广等茭白、莲藕高效安全生产技术已在全省推广应用，产品获绿色食品A级标准，部分出口到法国、欧盟，是乌镇世界互联网大会、G20杭州峰会的指定供应商。2015—2017年累计推广22.98万亩，平均每亩节本增效862.5元。

莲藕病虫害绿色防控技术集成应用模式

茭白病虫害绿色防控技术体系

项目承担单位： 浙江省农业科学院、浙江省种植业管理局等
主 要 负 责 人： 陈建明

环境友好型蔬菜种子处理关键技术的研究与示范

立项背景　目前国内高端的蔬菜种子包衣剂供应商主要为来自于荷兰的盈可泰（Incotec）和Astec Global，面向中低端市场的为自行研制的种子包衣配方，包衣效果与进口配方存在较大的差距。依托2011年省“三农六方”项目“蔬菜种子消毒和包衣关键技术研究与示范”支持，开展环境友好型蔬菜种子处理关键技术的研究与示范。

技术亮点　研究了不同成膜剂、渗透剂、扩散剂、助浮剂等非活性辅剂对包衣种子商品性、发芽率的影响，筛选出了适合于番茄、黄瓜等作物的外形美观、货架期长的包衣配方，研发了精甲霜灵和吡唑醚菌酯复配包衣剂配方，对番茄猝倒病的相对防治效果达到82.3%，采用0.6%精甲霜灵与吡唑醚菌酯复配药种比为1：10进行包衣，对番茄猝倒病的相对防效可达82.3%。

取得成果　筛选出natamycin等高效安全的种子消毒剂，适用于茄果类蔬菜种子绿色安全消毒。开发了外形美观、不影响发芽率、提高蔬菜种子抗病性的包衣配方，对根结线虫和番茄猝倒病的防治效果达到83%和82.3%。

蔬菜种子包衣丸粒化

种子活力检查仪

经济效益 项目所形成的蔬菜种子包衣技术在浙江勿忘农种业有限公司采用，形成了包衣“钱塘旭日”等产品，并在市场广泛销售。本项目所研发的种子包衣剂，其包衣效果、种子货架期与进口配方基本相当，而成本则可以降低30%以上，可以较好的替代进口配方。

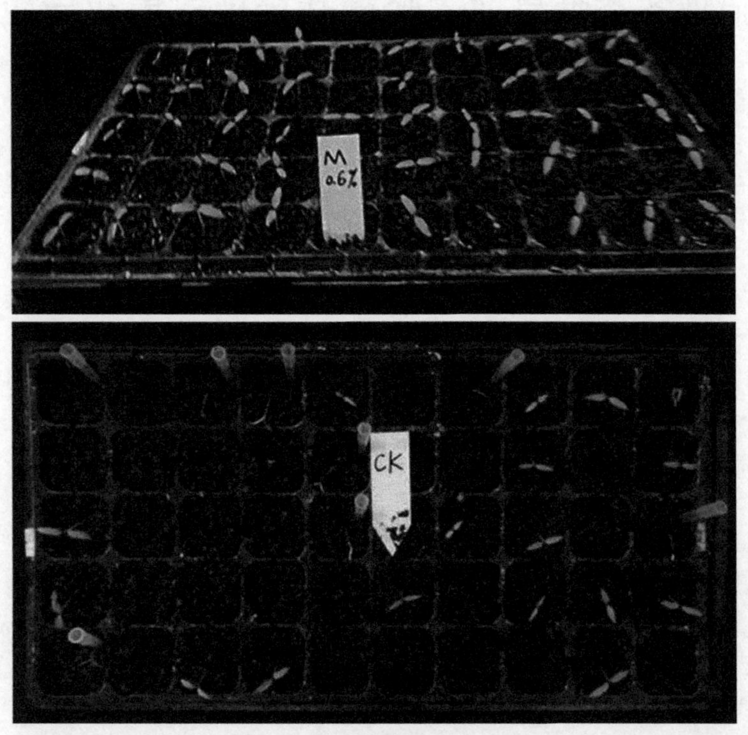

抗猝倒病

辣椒种子包衣

项目承担单位： 浙江农林大学
主 要 负 责 人： 朱祝军

设施越冬番茄高效、轻简栽培技术集成与应用

立项背景 依托浙江省蔬菜团队温州市越冬设施蔬菜区域试验站，开展设施越冬番茄高效、轻简栽培技术集成与应用。

技术亮点 在番茄育苗中引入自主研发的分体式小单元潮汐灌溉育苗装置，优化进水管和排水管合为一体，减少排水管道及其相关组件，节约系统设备构建成本。首次将气泡膜作为保温防寒材料用于设施越冬蔬菜保温研究。研究示范了不同棚型（连栋塑料大棚、单体大棚、玻璃温室）气泡膜使用方法与不同作物种类（番茄、黄瓜、茄子、草莓）保温效果，采用气泡膜覆盖使设施温度提高2.4～7.9℃。

取得成果 通过研究分体式小单元潮汐灌溉育苗技术、高效茬口栽培模式（甜玉米—设施越冬番茄轮作栽培模式、西瓜—设施越冬番茄轮作栽培模式，水稻—设施越冬番茄轮作栽培模式）、引入文丘里施肥器与智能灌溉施肥一体机实现水肥智能自动化，越冬设施蔬菜保温防寒技术、微耕机、起垄机、人工播种机等12类农机与农艺结合技术，集成设施越冬番茄高效、轻简栽培技术。

潮汐盘应用于蔬菜育苗

经济效益 在浙南及周边地区推广示范甜玉米—设施越冬番茄轮作栽培模式、西瓜—设施越冬番茄轮作栽培模式、水稻—设施越冬番茄轮作栽培模式共计面积373亩次；水肥一体技术推广应用3 450亩次；气泡膜等保温防寒技术550亩次，各类新技术合计推广4 373余亩，新增经济效益约480万元。

气泡膜应用于番茄大棚

项目承担单位： 温州市农业科学研究院

主 要 负 责 人： 徐 坚

水生蔬菜资源化利用沼液关键技术研究与示范

立项背景 水生蔬菜资源化利用沼液技术，不仅可以有效解决沼液排放的生态环境压力，明显减少化学农药、化学肥料的用量，而且优化了水生蔬菜生产的养分供给结构，促进优质增产增收。依托2016年省“三农六方”项目“水生蔬菜高效消纳养殖场沼液模式的创建与示范”支持，开展水生蔬菜资源化利用沼液关键技术研究与示范。

技术亮点 通过开展规模养殖场沼液有效成分季节性变化规律研究，根据茭白、莲、水蕹菜、水芹等水生蔬菜的特征特性，筛选出消纳沼液效果突出的水生蔬菜，形成水生蔬菜资源化利用沼液关键技术。

取得成果 筛选出消纳沼液效果突出的茭白、莲藕等3种水生蔬菜，每亩消纳60吨以上，可灌溉2次，基肥中化学肥料由每亩50千克下降为0～20千克，胡麻叶斑病等防治次数减少1次，茭白品质提高，增产10%以上；建立3个示范现场，面积共300亩，新技术成果辐射推广面积500亩。

经济效益 施用沼液后，水生蔬菜抗病力增强，减少施药2次，减少化学肥料90千克/亩，减少农药、肥料成本及人工560元/亩。合计消纳沼液4.5万吨以上，节约成本42万元。

沼液应用于茭白生产

项目承担单位： 浙江省种植业管理局
主 要 负 责 人： 徐云焕

沼液应用后茭白良好长势

沼液应用后茭白丰产

全封闭条件下智能化要素控制蔬菜育苗技术

立项背景　我国每年蔬菜秧苗的需求量为1万亿株，传统育苗方式抗灾能力弱，生产风险大，在人工费用逐年提高、瓜果蔬菜种子越来越贵的情况下，传统育苗模式遇灾害性天气时往往给农户造成较大经济损失。依托2017年蔬菜产业技术项目开展全封闭条件下智能化要素控制蔬菜育苗技术研究。

技术亮点　研发出一种高效节能的LED植物灯。在全封闭条件下，采用这些LED植物灯结合智能化要素控制技术进行了蔬菜育苗试验，从中筛选到适宜的LED植物灯红蓝光配比，培育出西瓜、黄瓜、瓠瓜等优质蔬菜秧苗；另外，研发出一套全封闭蔬菜育苗工厂智能化控制系统，实现电脑对全封闭育苗工厂中光照、浇灌、温度、湿度、二氧化碳的全自动控制。

取得成果　研发出适合瓜类蔬菜育苗，耐高温、寿命长、价格实惠、高效的LED植物灯一套，筛选出合适的红蓝光配比，为植物光合作用提供比较有效的光谱。植物灯的能耗每育一个株苗每天的电费为0.005元。开发出适合于全封闭智能化蔬菜育苗工厂中应用的精准智能化控制系统一套，实现温度、相对湿度、光照等环境因素的精准全自动控制。

经济效益　培育出西瓜等各类商品化秧苗，秧苗整齐粗壮、无病害。与传统育苗相比，冬春季节育苗时间缩短50%以上，成苗率提高15%，节约用水50%、人工成本50%以上。建成1座全封闭智能化育苗示范工厂，育苗室面积560平方米，年生产秧苗360万株。目前已在衢州柯城、衢江等地建立LED灯育苗应用示范基地3 000余亩，示范基地反响良好。

智能化LED植物灯育苗工厂控制室

智能化LED植物灯育苗工厂内景

LED灯黄瓜苗生长情况

项目承担单位：浙江省种植业管理局
主 要 负 责 人：杨新琴

灰霉病等蔬菜主要病虫害化学防治关键技术研究及应用

立项背景 近年来全省蔬菜灰霉病、炭疽病、烟粉虱等顽固性病虫发生危害重，防控难度大，隐患风险高，严重威胁蔬菜产业健康发展和农民增收。依托2011年省“三农六方”项目“蔬菜主要病虫害生物化学协同调控技术研究及其集成示范”支持，开展灰霉病等蔬菜主要病虫害化学防治关键技术研究及应用。

技术亮点 系统开展了茄果类灰霉病、草莓炭疽病等蔬菜主要病害的抗性监测与机理研究，首次建立了蔬菜灰霉病早期抗性检测方法和诊断技术，为科学选药、合理用药提供决策依据。突破了蔬菜主要病虫安全用药技术瓶颈，筛选出安全高效的治虫防病药剂，自主研发出咪鲜胺复配等新配比，植物源农药橙皮精油首获烟粉虱防治专用绿色农药登记，并大面积应用于生产。

取得成果 通过系统地开展化学协同防治、抗药性监测与治理、药剂筛选与登记应用等方面的研究，建立了蔬菜灰霉病早期抗性检测方法和诊断技术，已被杭州、宁波、金华、湖州等市级农业科学院与农技部门应用于抗性动态监测、科学用药与抗性治理；筛选出安全高效的治虫防病药剂，自主研发出咪鲜胺复配等新配比，植物源农药橙皮精油首获烟粉虱防治专用绿色农药登记。

经济效益 筛选登记的植物源农药橙皮精油，已被农业部、浙江省农业厅作为蔬菜烟粉虱防治的主推药剂，并列入北京和杭州市政府采购的高效低毒低残留农药品种目录，每年推

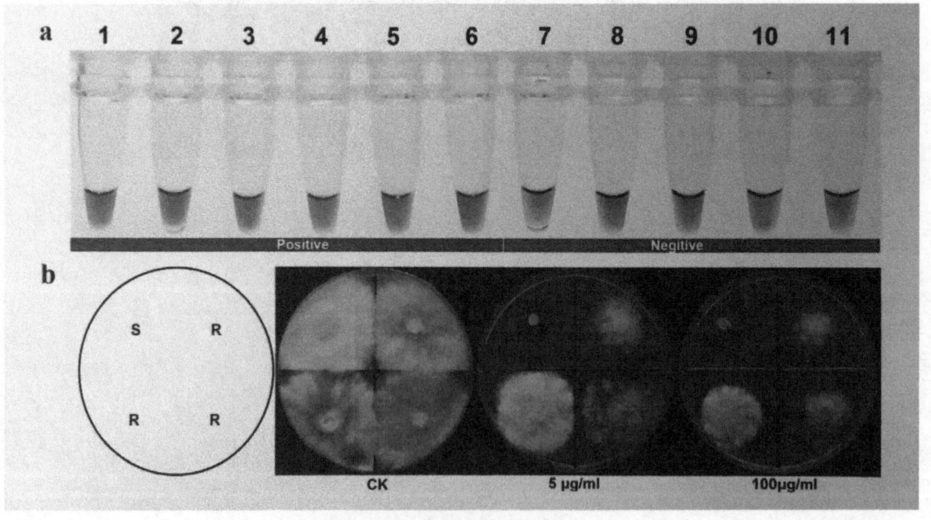

蔬菜灰霉病抗性检测

广应用橙皮精油100吨左右，产值近800万元。杭州、临安、诸暨等示范推广单位统计，通过本项目成果的推广应用，示范区减少防治1～2次，农药使用量减少25%以上，增产20%以上，每亩可实现节本增效500元以上。

集成使用诱虫板与植物源农药橙皮精油防治茄子刺吸式害虫

集成使用色板与植物源农药防治甘蓝上刺吸式害虫

筛选的高效杀菌剂（左）与对照药剂（右）对黄瓜病害防效比较

项目承担单位： 浙江省农药检定管理总站

主 要 负 责 人： 戴德江

大棚瓜菜水稻轮作全程机械化关键技术集成示范

立项背景　针对大棚瓜菜水旱轮作模式尤其是大棚内种植水稻存在操作不方便，灌水保水难，水稻收割机械化率低，劳动力成本高等实际问题，依托2014年省“三农六方”项目“大棚瓜菜水稻轮作全程机械化关键技术集成示范”支持，开展相关研究。

技术亮点　研究明确大棚瓜菜水稻轮作模式的具体参数、防病增产机理，引进筛选5种实用机械并明确其适用性，在农机农艺融合促进全程机械化应用方面有创新。

取得成果　集成番茄、茄子等与水稻轮作高效种植模式7种，制定可操作性强的生产技术规程，应用大棚多层覆盖、气泡膜等保温防寒以及病虫害综合防治等关键技术措施，实现提质增效、“万元千斤”。引进筛选菜稻轮作模式全程机械化的实用农机10余台套，并集成农机农艺融合关键技术。

经济效益　2014—2017年在苍南、嘉善等地建立示范方10个，累计推广大棚瓜菜与水稻轮作模式7.4万亩次，推广应用深松、起垄覆膜、棚内收割等先进适用机械，完成作业4.1万亩次，稳定了粮食生产，减少农药化肥的使用，且省工节本，社会生态经济效益显著。

大棚番茄与水稻轮作

小型水稻收割机

叶菜全程机械化生产

项目承担单位： 浙江省种植业管理局

主 要 负 责 人： 胡美华

蔬菜土肥水协同肥料减量技术研究与应用

立项背景 本项目基于省“三农六方”科技协作计划项目“黄瓜、番茄土肥水肥料减量技术研究和示范”的研究基础上，结合浙江省“种植业五大主推技术”之一的水肥一体化技术推广应用工作开展技术集成和应用推广，项目针对蔬菜产业发展中施肥方面存在的问题，在水肥一体化新型施肥系统的构建、作物水肥一体化技术方案制定等方面开展研究。

技术亮点 构建了适应于规模主体以及小、散农户等不同类型的肥水同灌系统，起到较好的节本增效效果。并提出了适用于不同肥力基础和使用条件的半程、全程水肥一体化技术模式。

取得成果 分类构建了适应于小、散农户的“配肥桶（池）+潜水泵+软管滴灌”的简单化水肥一体化施肥技术模式和适应于规模主体的由“首部枢纽+输配水管网+滴灌管+智能控制”构成的智能化水肥一体化施肥技术模式，契合了包括小散农户和规模主体的不同应用需求，扩大了技术的适用范围；研究确定了灌溉施肥的关键技术参数，建立了番茄、黄瓜、茄子、辣椒、草莓等多种作物的水肥一体化技术实施方案，提出了适用于不同肥力基础和使用条件的半程、全程水肥一体化技术模式。

经济效益 蔬菜应用水肥一体化技术，节水可达50%以上，平均每亩化肥施用量减少20.9千克，减幅25.7%，每亩节本省工300～400元，同时还有增产作用，增产幅度在10.8%～35%。两年累计推广各类蔬菜肥水耦合施肥技术102 040亩，累计减少化肥用量2 867.4吨，新增效益23 525万元。

水肥一体化技术在蔬菜作物上的应用

项目承担单位： 浙江省耕地质量与肥料管理局
主 要 负 责 人： 孔海民

半自动型肥水同灌系统

三、畜牧产业

X U M U C H A N Y E

茭白鞘叶、芦笋茎叶饲料化利用技术研发与示范推广

立项背景 针对茭白鞘叶、芦笋茎叶污染问题，依托2014年省“三农六方”项目“芦笋茎叶、茭白鞘叶优质青贮料调制及其在湖羊日粮中优化利用技术研究”支持，开展茭白鞘叶、芦笋茎叶饲料化利用技术研发与示范推广。

技术亮点 针对茭白鞘叶组织结构蓬松、含糖低、蛋白高、适口性差等不宜青贮的原料品质特点，通过益生菌添加剂、加工机械等途径，建立了窖贮、捆包、液压包贮等优质茭白鞘叶青贮料调制技术。

取得成果 通过常规青贮结合生物技术，建立了优质茭白鞘叶、芦笋茎叶青贮料的调制技术及操作规程，创新作物秸秆饲料化运作模式。在杭州、嘉兴、湖州、台州等地建立示范区22个。通过本项目实施，既消纳了茭白鞘叶、芦笋茎叶的污染问题，又实现了规模湖羊场就地取材、缓解粗饲料的供给。

经济效益 制作、利用优质茭白鞘叶、芦笋茎叶青贮料累计推广5.114万吨，核心技术平均推广度54.7%，实现新增纯收益816.4万元，总经济效益1.35亿元。随着湖羊产业在省内各地的发展，预期茭白叶利用率达到30%，年约15万吨；芦笋茎叶利用率达到60%，年约3万吨；年新增纯收益及总经济效益在0.27亿元、1.86亿元以上。

茭白

芦笋

项目承担单位： 浙江大学
主 要 负 责 人： 叶均安　杨金勇

茭白鞘叶产业化加工

茭白叶青贮包

茭白叶青贮料

生猪养殖饲用抗生素替代的饲料营养关键技术

立项背景 我国饲料产业及畜禽养殖业由数量上的扩张向“质量安全—生态”方向转型升级。长期、多品种的抗生素添加会引发病原菌耐药性产生、动物免疫机能下降、肉蛋奶中残留和环境污染等一系列严峻的社会问题。依托2014年省“三农六方”项目“规模猪场养分减排与污染防控的饲料营养技术研究与产品开发”支持，开展生猪养殖中饲用抗生素替代的饲料营养关键技术研究。

技术亮点 开发出肠道微生态平衡、有害菌的生长抑制、受损肠道屏障的修复技术，并形成一套生猪养殖饲用抗生素替代的饲料营养关键技术；该技术大幅度减少饲用抗生素，明显地降低了生猪养殖对饲用抗生素的依赖。

取得成果 在利用微生态制剂改善畜禽肠道菌群平衡研究的基础上，筛选出可高效分泌抗菌免疫活性物质、有效维护畜禽肠道屏障功能的有益微生物，从而改善微生态区系；形成了以有机铁、锌为核心的提高畜禽免疫因子表达的高效营养调控技术，抑制有害菌的生长；利用短链脂肪酸和植物提取物的营养功能，在畜禽小肠末端抑制有害菌增殖和缓解肠道炎症，促进受损肠道屏障的修复。

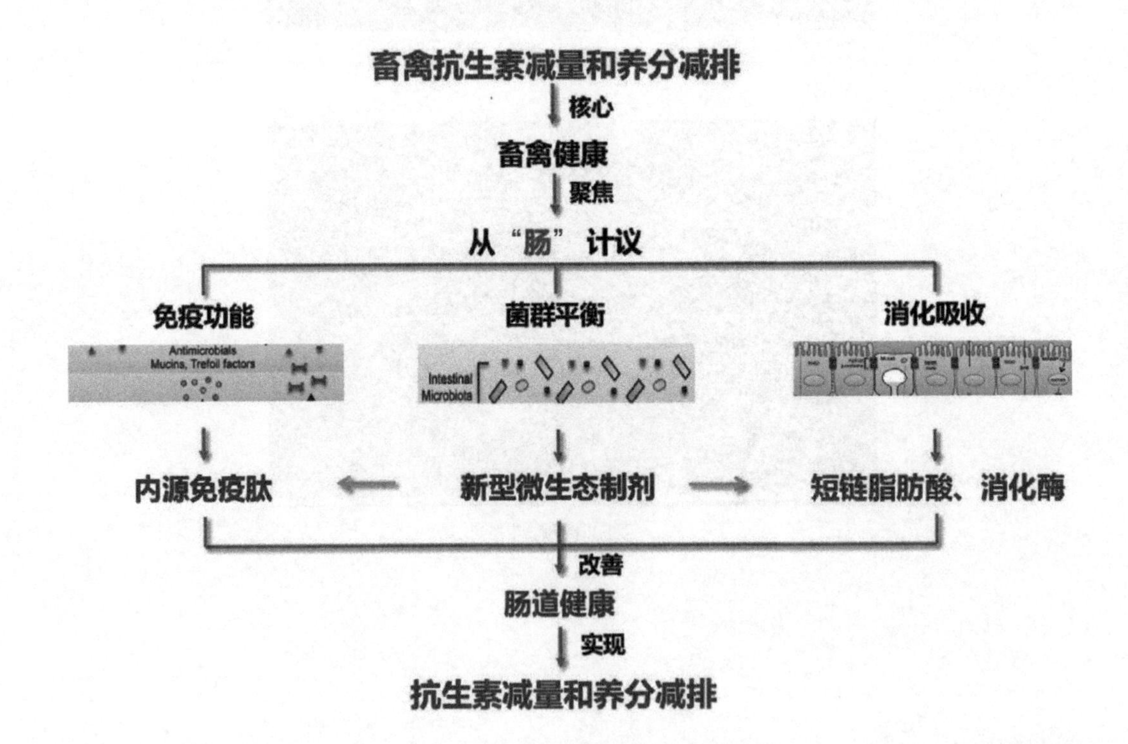

经济效益 目前已形成出生至断奶、断奶后2周、断奶后2周至70日龄和70日粮至上市的四阶段饲用抗生素减量和替代方案，生猪生产性能未受影响，饲用抗生素使用量大幅度降低，更为关键的是生猪疾病治疗成本亦下降25%。本成果形成的综合饲料营养调控技术，可以减少饲用抗生素50%左右，明显降低生猪养殖对饲用抗生素的依赖，对保障动物食品安全和养殖生态环境人类健康具有重要意义。

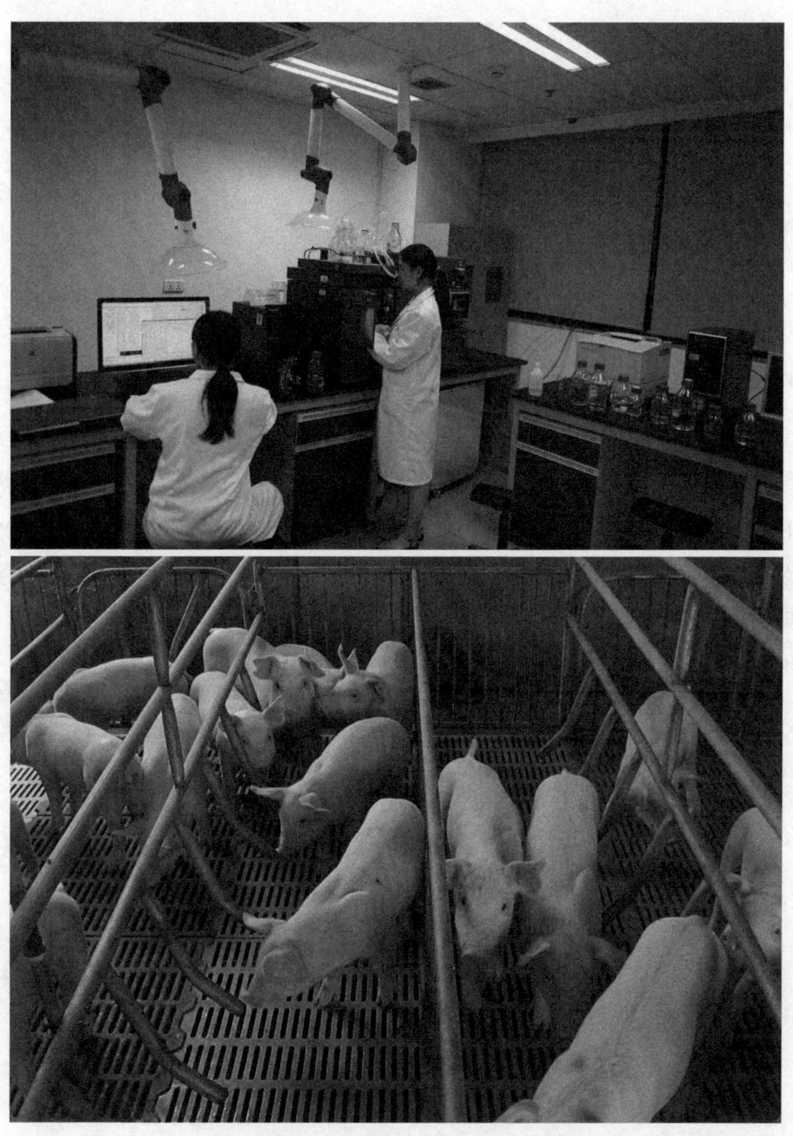

畜禽养殖饲用抗生素替代的饲料营养关键技术

项目承担单位： 浙江大学、浙江科强生态养殖有限公司

主 要 负 责 人： 汪以真　冯　杰

基于生物炭技术的猪粪尿处理和资源利用技术

立项背景 畜禽粪便的生态高效处理与资源化利用，是规模化、生态化养殖业持续、健康发展的关键。针对浙江省生猪养殖业废弃物处理技术单一，存在潜在环境污染的问题，依托2015年省“三农六方”项目“猪粪尿处理和资源利用中生物炭技术的应用与示范”支持，开展基于生物炭技术的猪粪尿处理和资源利用技术。

技术亮点 研究高效生物炭—微生物复合发酵技术，攻克了生猪生态养殖、清洁生产、废弃物生态资源化利用等关键技术，构建生猪养殖生态模式技术体系。并开展新型生物炭—猪粪复合有机肥的生产技术研究。

取得成果 开发高效新型炭基有机肥，完成生物炭—猪粪新型肥料研发与生产线建设，取得肥料正式登记证。开发了海藻羊栖菜生物炭和二氧化硅—海藻生物炭纳米复合材料新产品，分别对稀土镧和磷具有较强的吸附能力，在稀土镧污染修复、污水处理等方面具有良好的应用前景。猪粪污水高效生物炭—复合微生物处理技术，猪粪废水处理费用降低20%；处理后的废水各项指标均达到畜禽养殖污染物排放标准。

经济效益 通过生物炭—微生物复合发酵新技术研发与应用，在浙江华腾牧业有限公司完成出栏生猪6 000头的示范基地建设，建成产能为5 000吨/年的生物炭—猪粪新型肥料研发与生产线，产值超过668.9万元。

项目承担单位：浙江省农业科学院
主 要 负 责 人：杨生茂

南京国环有机产品认证中心
ORGANIC FOOD DEVELOPMENT AND CERTIFICATION CENTER OF CHINA
有机农业生产资料评估证明
嘉兴嘉华牧业有限公司

新型炭基肥

湖羊高效生产关键技术的研究与示范推广

立项背景 针对湖羊养殖水平不高、优质粗饲料不足等实际情况，依托2016年省“三农六方”项目“湖羊补乳料与早期断奶关键技术研究与示范”支持，开展湖羊高效生产关键技术的研究与示范推广。

技术亮点 创新了湖羊高效养殖关键技术，优化了非常规资源饲料化技术。研发的超早期（产后即用）湖羊羔羊专用代乳料，羔羊成活率达100%，生长速度与食用母乳的羔羊相近，既解决了湖羊多羔难育成，也为超早期断奶提供技术支撑；开发了湖羊关键阶段的系列补充料，其中哺乳羔羊颗粒补充料比对照组日增重提高31.6%。

取得成果 开展湖羊补充料和代乳料以及秸秆资源饲料化利用等相关技术的研究，熟化集成技术并推广应用。研发了超早期（产后即用）湖羊羔羊专用代乳料和羔羊颗粒补充料产品各1个，断奶成活率提高10%以上；断奶羔羊生长速度比原有提高10%以上。研制了集约式哺乳器，具有高度可调、保温、清洗方便的特点。研发的育肥湖羊TMR颗粒料，可提高日增重37.29%。进行TMR混合均匀度检测方法研究，科学配制TMR配方，与传统精粗分喂方式相比，TMR饲喂方式可显著提高饲料利用率9.39%。

集约式哺乳器

哺乳羔羊颗粒料补饲模式

经济效益 通过建立哺乳期羔羊补饲体系，应用后提高了羔羊的成活率和生长性能，增加了湖羊的产出。通过本项目的实施，头均增效50元，惠及湖羊10万只，增加经济效益500万元。

山露叶饲料化利用技术——混合裹包青贮

机械捡拾打捆裹包青贮鲜稻草

项目承担单位： 浙江省农业科学院
主 要 负 责 人： 吴建良

浙江省地方猪种保护和利用关键技术研究及应用

立项背景 为更好地进行地方猪种种质资源的保护和利用，依托2016年省“三农六方”项目“浙江省地方猪种保护和利用关键技术研究及应用”支持，开展相关研究。

技术亮点 建立了浙江省主要地方猪种基因库，为进一步深入研究浙江地方猪的种质特性和遗传特点，为今后养猪业及生物科学的发展提供有价值的种质素材。

取得成果 采集并冻存了浙江主要地方猪种（484头）组织样品，建立了浙江主要地方猪种基因库，建立浙江省地方猪喘气病防治体系一套，在饲料中添加氟苯尼考和强力霉素和维生素B_6，气喘病发病率降低5%～10%。群体继代选育法对金华猪Ⅱ系进行选育，保持了地方猪高繁殖力特性，且瘦肉率达54.99%±4.69%，比金华猪Ⅲ系瘦肉率高7.38%，选育效果明显。开展仙居花猪的保种选育，2017年，仙居花猪的核心保种群体公猪10头，母猪196头，平均产仔数达11.83头，活仔11.3头。

经济效益 推广应用了优质猪品种持续改良技术，猪人工授精技术，青贮西兰花茎叶饲料养猪，优良母猪高产增效技术，生猪疫病综合防治技术及环境控制与污染综合治理技术等，取得的科技成果转化后，能使商品土猪年生产量几十万头以上，设立土猪肉专卖点或进大型超市直销，产业链年产值达2 000万元以上，实现“种植—养猪—猪粪还田”的循环模式，从而带动整个养殖业社会效益的发展，促进产业结构调整，产生良好的社会经济效益。

碧湖猪活体背膘测定

金华猪

淳安花猪

项目承担单位： 浙江省农业科学院
主 要 负 责 人： 褚晓红

抗猪蓝耳病和圆环病毒病二联口服卵黄抗体研制及应用

立项背景 猪蓝耳病和圆环病毒病是养猪业面临的重要传染病之一。抗生素和基于病毒成分的弱毒疫苗的使用，引起了耐药性和病毒扩散等系列难题，使猪病防治愈加困难。针对上述问题，依托2013年省“三农六方”项目“抗猪蓝耳病和圆环病毒病二联口服卵黄抗体研制及应用”支持，开展技术攻关。

技术亮点 以灭活的蓝耳病和圆环病毒抗原成分作为免疫原，免疫蛋鸡，制备特异性抗体，突破了卵黄抗体的纯化和制备难题，提高了抗体的稳定性和免疫效力。建立了卵黄抗体IgY水稀释法提取卵黄抗体技术及其包埋工艺；开发了抗猪蓝耳病和圆环病毒病（PRRSV-PCV2）二联卵黄抗体的制备工艺和口服制剂，可以作为饲料添加剂使用。

取得成果 建立了一套将抗猪蓝耳病和圆环病毒病二联IgY作为饲料添加剂应用于猪蓝耳病和圆环病毒防治的使用技术。口服卵黄抗体应用于母猪后，可以提高断奶窝重5.5%，平均降低断奶死亡率5%以上；应用于保育猪后，提高仔猪成活率5%以上，日增重提高3%以上，血清中的病毒拷贝数平均降低3倍以上。

经济效益 项目实施期间，累计推广应用二联卵黄抗体制剂500余吨，新增产值1.2亿元。至目前，已累计在10万余头生猪中应用，结合综合预防措施，有效地防制了蓝耳病和圆环病毒病发生。

检验检测机构
资质认定证书

证书编号：181104001748

名称：浙江农林大学（浙江农林大学动物健康检测中心）

地址：浙江省杭州市临安区武肃街666号

许可使用标志

CMA

181104001748

发证日期：

有效日期：

发证机关：

动检中心CMA证书（2018-2024）

科学技术成果登记证书

登记号：17026010

经公示无异议，“抗猪蓝耳病和圆环病毒病二联口服卵黄抗体研制及应用”登记为浙江省科学技术成果，特发此证。

完成单位：浙江农林大学、浙江大学

完 成 人：宋厚辉、王晓杜、邵春艳、杨永春、杨梦华、金庆日、方维焕

发证机关：

发证日期：2017年 月 日

浙江省科技厅制

项目成果登记

研发的抗体赋形后的样品

兽医学科走廊

宋厚辉（右2）实验照片

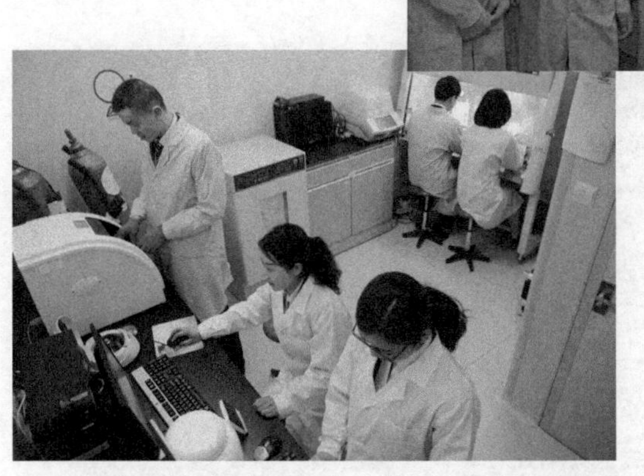

动物健康检测中心工作人员正在进行动物疫病检测

项目承担单位： 浙江农林大学

主 要 负 责 人： 宋厚辉

生猪养殖污染治理智慧监控技术模式研究与应用

立项背景　针对畜禽养殖企业污水排放监管薄弱环节，依托2016年省“三农六方”项目“生猪养殖污染治理智慧监控技术模式研究与应用”支持，开展污水排放感知与多方位监测，构建基于“互联网+畜牧”的管理新模式技术研究。

技术亮点　基于“互联网+”技术，以生猪养殖企业为研究对象，针对浙江省生猪养殖污水进行处理利用过程中的生化(工业)治理、生态治理和集中处理3种主要方式，研究污水排放及处理关键环节的多方位、多角度、多层次的感知与监测技术方法，使养殖企业、监管部门及公众共同参与，构建“多位一体”的“互联网+畜牧”的生猪养殖污染治理监管新模式。

取得成果　构建了基于“互联网+畜牧”的生猪养殖污染治理监管新模式。针对生态治理、生化(工业)治理和集中处理3种污染处理方式，搭建了生猪养殖污染治理智慧监控物联网平台。根据三种治理模式的特点，结合物联网监测数据分析，本研究制定了具体的预警决策指标体系，在此基础上提出了生猪养殖污水排放过程的违规排污预警决策及警报推送方法。

经济效益　项目研究成果已经整合到浙江公众信息产业有限公司研发的浙江省智慧畜牧云平台中，并通过浙江省畜牧兽医局在全省统一推广。该防控系统针对畜禽养殖企业污水排放监管薄弱环节，根据液位高度和车辆定位实现污染预警，已完成接入1 000多家生猪规模养殖场。

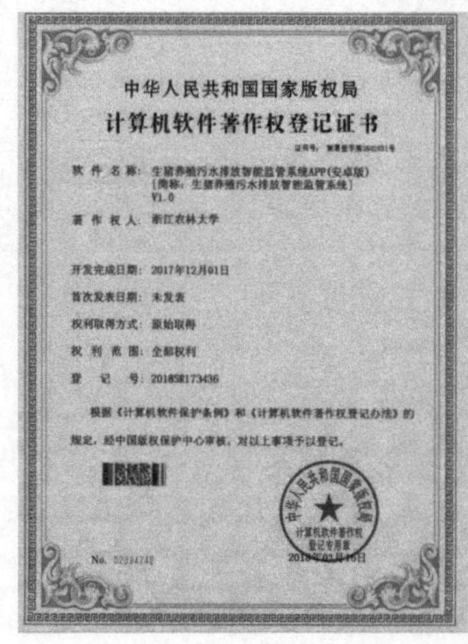

中华人民共和国国家版权局

计算机软件著作权登记证书

软件名称：生猪养殖污水排放智能监管系统APP(安卓版)
[简称：生猪养殖污水排放智能监管系统]
V1.0

著作权人：浙江农林大学

开发完成日期：2017年12月01日

首次发表日期：未发表

权利取得方式：原始取得

权利范围：全部权利

登记号：2018SR173436

根据《计算机软件保护条例》和《计算机软件著作权登记办法》的规定，经中国版权保护中心审核，对以上事项予以登记。

中华人民共和国国家版权局

计算机软件著作权登记证书

软件名称：生猪养殖污水不同治理方式下的数据采集与传输系统
V1.0

著作权人：浙江农林大学

开发完成日期：2017年12月01日

首次发表日期：未发表

权利取得方式：原始取得

权利范围：全部权利

登记号：2018SR171833

根据《计算机软件保护条例》和《计算机软件著作权登记办法》的规定，经中国版权保护中心审核，对以上事项予以登记。

中华人民共和国国家版权局

计算机软件著作权登记证书

软件名称：浙江省畜牧业污水处理预警监管管理系统
[简称：污水处理监管系统]
V1.0

著作权人：浙江农林大学

开发完成日期：2017年10月10日

首次发表日期：未发表

权利取得方式：原始取得

权利范围：全部权利

登记号：2018SR040305

根据《计算机软件保护条例》和《计算机软件著作权登记办法》的规定，经中国版权保护中心审核，对以上事项予以登记。

生猪养殖污染治理智慧监管管理系统

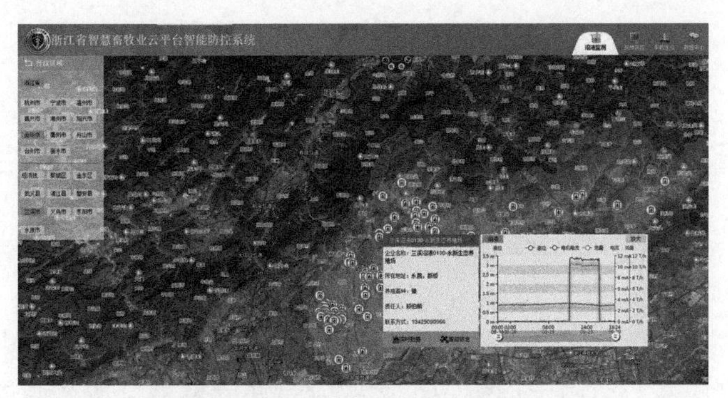

兰溪市某养殖场的沼液监测实时数据展示界面

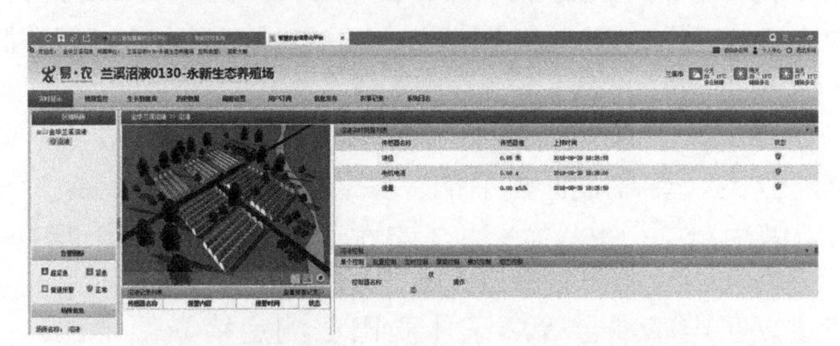

兰溪市某养殖场的沼液监测智能信息展示界面

浙江省沼液监测总体分布图

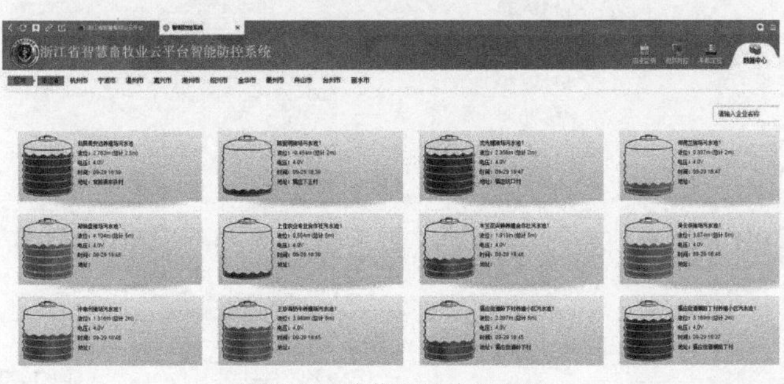

浙江省沼液监测总体分布图

项目承担单位： 浙江农林大学

主 要 负 责 人： 徐爱俊

浙江省重点地区猪饲料和猪排泄物中重金属含量特征

立项背景 随着集约化养猪业的快速发展，矿物元素、有机砷、有机铬等具有促进生长和预防疾病作用的物质被广泛用于饲料中，大部分金属元素被排放在粪尿中。为有效评估猪粪施用所导致的重金属污染风险，依托2014年省“三农六方”项目“猪饲料中重金属元素含量现状及对排泄物的影响研究”支持，开展浙江省重点地区猪饲料和猪排泄物中重金属含量特征研究。

技术亮点 研究建立的“畜禽排泄物中钠、铁、铜、锰、锌、铅、铬、镉、砷、汞的测定电感耦合等离子体质谱法（ICP-MS）”方法，该方法在2017年获得浙江省地方标准立项。

取得成果 研究建立了电感耦合等离子体质谱法测定猪粪便中铁、铜、锰等9种重金属元素的方法，2017年获得浙江省地方标准立项。跟踪监测杭州、衢州、嘉兴、湖州等35家不同规模生猪养殖场饲喂饲料、粪便和尿液共588个样本，掌握全省生猪饲料中矿物元素添加使用情况及猪排泄物中重金属含量特征，提出了当前应降低猪饲料中微量元素的添加量，禁止饲用有机砷制剂，才能有效降低猪粪施用所导致的重金属污染风险；报告提出了按照目前监测猪粪肥重金属元素含量水平，有机肥的施用量应控制在2.27吨/公顷(干基)以内。

经济效益 指导示范8家生猪养殖场微量元素的合理添加，降低成本，节约资源，减少环境排放。

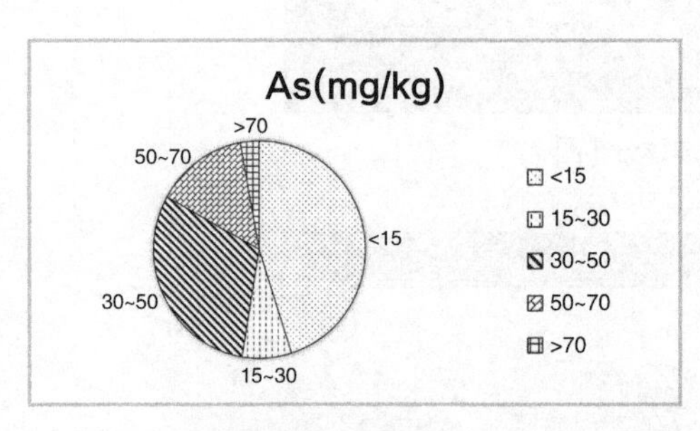

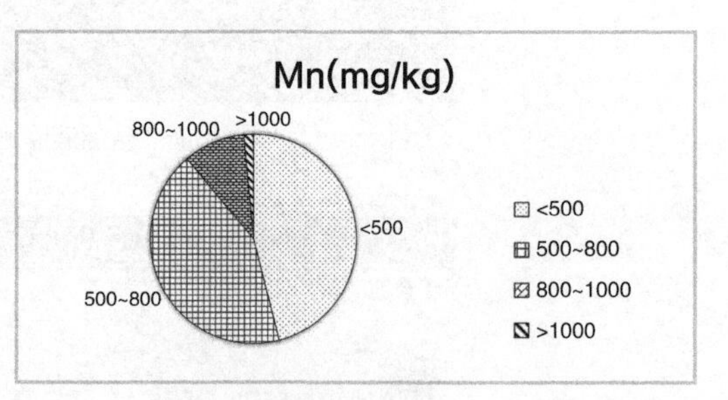

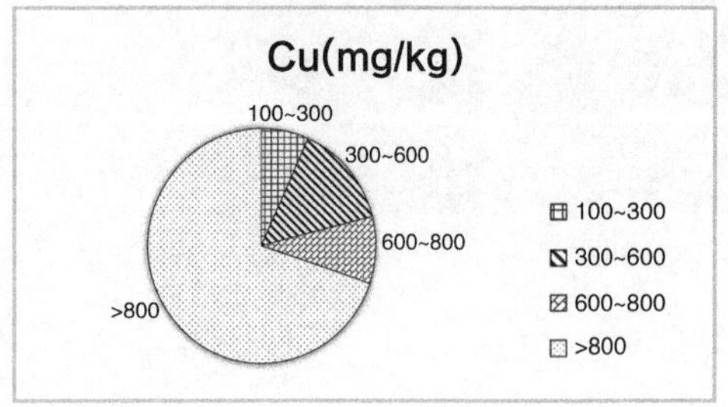

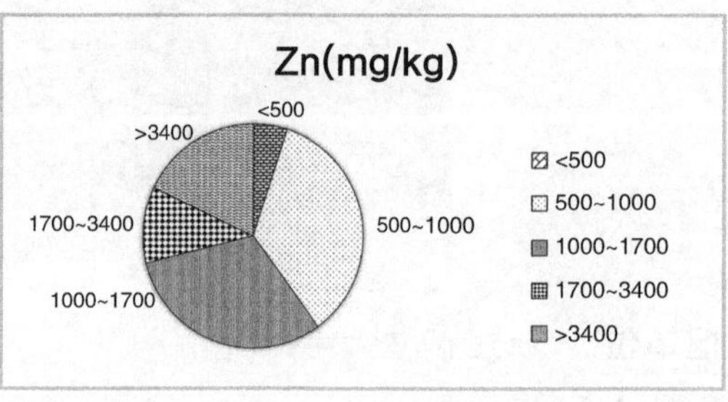

主要金属元素含量分布图

猪场样品取样

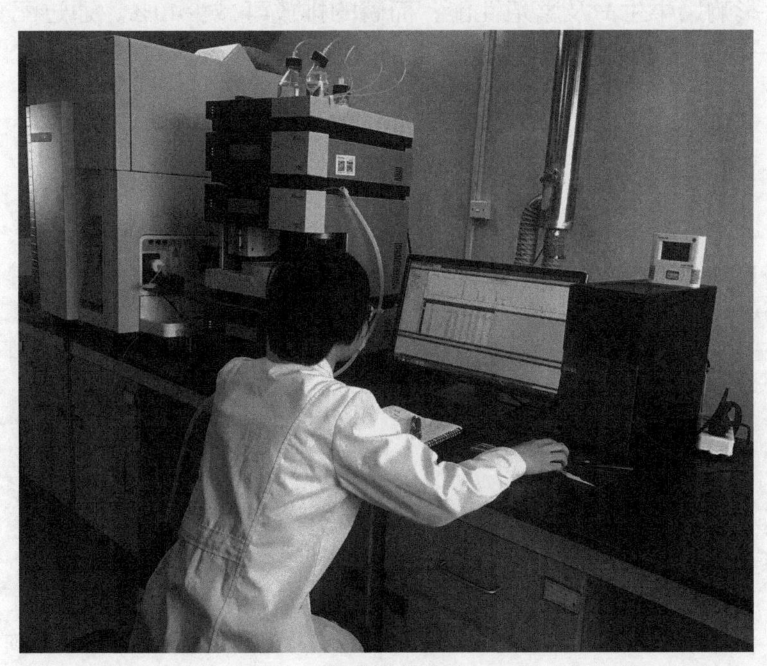

重金属含量检测

项目承担单位： 浙江省兽药饲料监察所、浙江大学、浙江省农业科学院

主 要 负 责 人： 任玉琴

南方奶牛低氮磷减排放养殖模式

立项背景　基于当前蛋白质饲料资源紧缺以及环境磷污染严重现状，依托2016—2018年省畜牧产业技术项目“氮磷减排生态循环奶牛精品养殖示范”支持，开展南方奶牛低氮磷减排放养殖模式研究。

技术亮点　通过研究奶牛代谢蛋白及氨基酸新体系的氮减排关键技术和基于减少矿物质磷奶牛的磷减排关键技术，创建生态循环养殖模式。

取得成果　通过产学研合作研发的过瘤胃氨基酸产品含量达60%以上，过瘤胃率80%以上，小肠释放率85%以上。确定了奶牛日粮代谢蛋白需要量并配合添加过瘤胃氨基酸，能够使乳蛋白含量达到3.1%，乳蛋白含量提高6.9%，乳蛋白产量提高13.6%，提高氮利用率15.4%，提高泌乳效率15%。基于反刍动物氮、磷营养新体系，在不影响生长、生产、繁殖的情况下降低饲料中氮磷使用量。通过日粮配比可降低泌乳牛氮排放30.6%。奶牛日粮磷含量减少35%不会影响奶牛生产及繁殖性能，而磷的排放可减少40%。通过配套设施和软件管理，形成“健康—高产—减排”的奶牛低氮磷排放养殖模式。

经济效益　项目成果累计应用于奶牛5 000头，实现新增产值1 200万元。研究成果可提高饲料利用率，节省高质量饲料资源，利用低质农副产物6万吨。

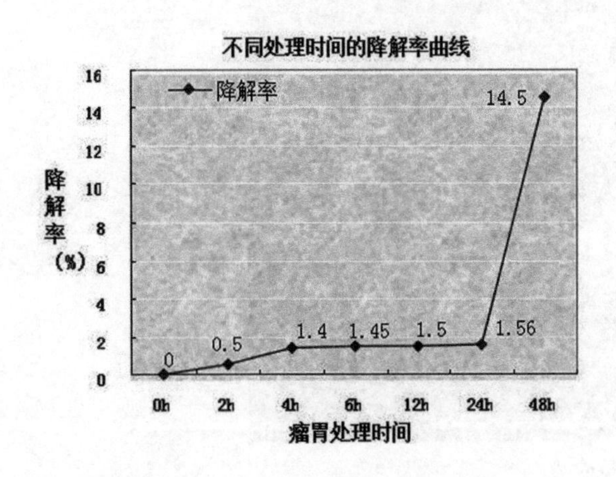

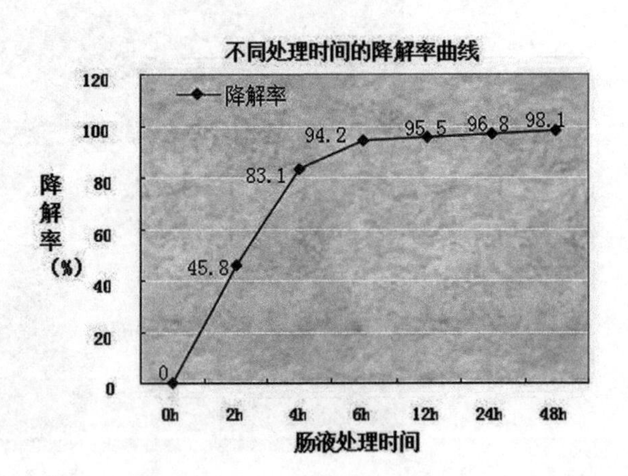

项目承担单位：浙江一景乳业股份有限公司
主 要 负 责 人：王　翀　王佳堃

开发奶牛过瘤胃产品

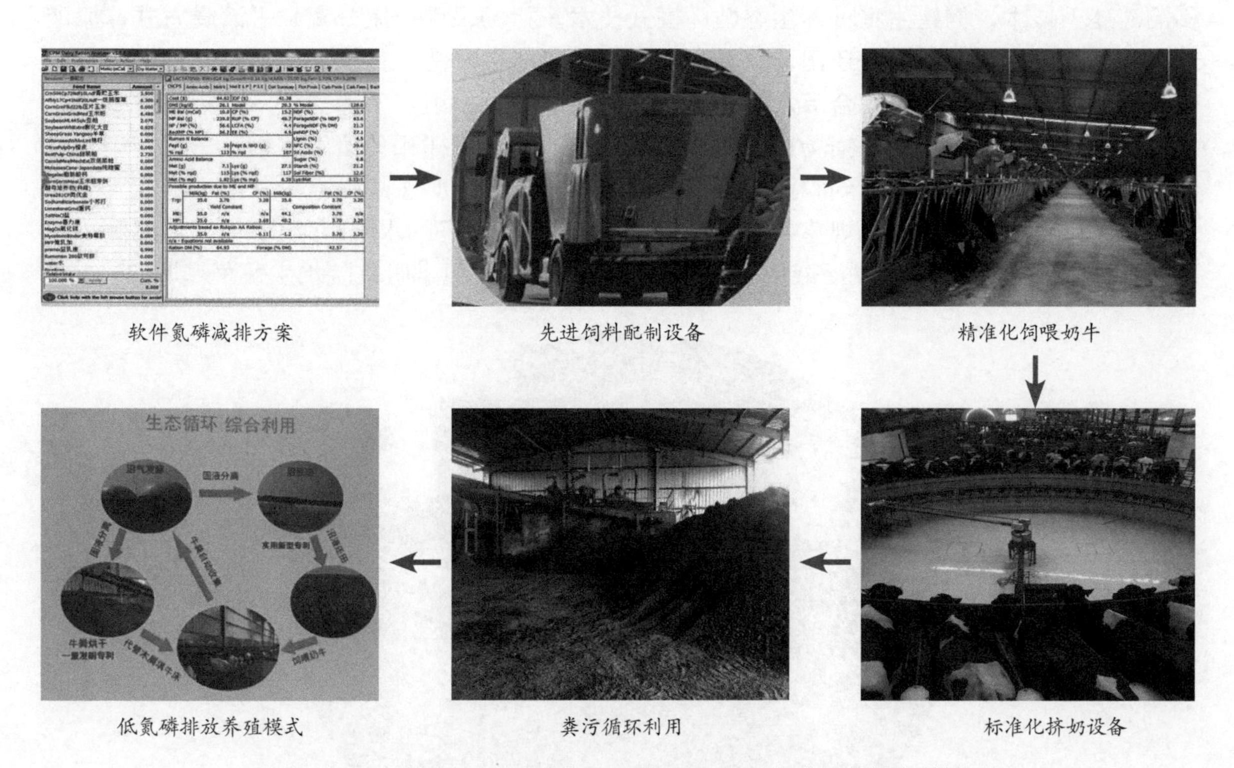

软件氮磷减排方案　先进饲料配制设备　精准化饲喂奶牛

低氮磷排放养殖模式　粪污循环利用　标准化挤奶设备

通过软件设计、精准饲喂、标准化管理以及粪污循环处形成到奶牛低氮磷减排模式

生猪种养生态循环模式技术推广

立项背景 金华猪适应性较强，为欠发达地区提供一条脱贫致富门路。但猪场废弃物利用的脱节又制约了产业的发展。依托省畜牧产业技术创新与推广服务团队项目“生猪养殖新技术研究与示范推广”支持，开展相关研究。

技术亮点 猪场采用粪尿分离、干清粪方式，尿液进入沼液池进行发酵，沼液还田。夏季利用沼液进行猪栏冲洗、猪群冲凉降温；猪饮水采用带调节阀的饮水器，通过综合节水措施到达节约用水。

取得成果 通过生猪养殖节水技术优化、金华猪杂交利用技术、生猪养殖免疫增强技术和沼液还田技术，构建生猪种养生态循环模式技术。猪场采用粪尿分离、干清粪方式，尿液进入沼液池进行发酵，沼液还田，夏季利用沼液进行猪栏冲洗、猪群冲凉降温，猪饮水采用带调节阀的饮水器，通过综合节水措施到达节约用水。优化组合了适合金华市猪场主要病毒病的免疫程序一套，探明了猪场主要病毒病母源抗体衰减规律和免疫间的相互干扰作用，技术应用猪群主要疫病免疫达到农业部各项免疫要求。初步探明了规模畜禽养殖场沼液排放量及主要污染物含量周年变化规律，筛选出3种消纳沼液效果好的水生蔬菜（茭白、狐尾藻、莲藕），建立水生蔬菜高效消纳沼液示范基地1个（金华市农业科学研究院水生蔬菜基地）。

杜金猪

经济效益 本项目遵循了种养结合生态循环的模式，项目成果在多个猪场和水生蔬菜种植基地推广，年产值达2 000万元。

沼液灌溉茭白和藕田

沼液冲洗猪栏

项目承担单位： 金华市农业科学研究院
主 要 负 责 人： 项　云　张尚法　杜喜忠　楼芳芳　章啸君　屠平光　胡旭进

水禽上岸养殖关键技术及模式

立项背景　采用上岸平网饲养模式，舍内粪污2～3年清理1次，舍内NH_3等空气污染物浓度高、危害大，严重影响蛋鸭的健康与产蛋，依托2014年省“三农六方”项目“水禽上岸养殖关键技术及模式研究与示范”支持，开展水禽上岸养殖关键技术及模式。

技术亮点　针对水禽粪污排泄物的特征，研发节能减排的水禽舍全自动清粪技术，将粪污快速高效地清理出禽舍，改善禽舍内空气质量。针对水禽粪污特征，设计粗细二级格栅实现固液分离，降低后续污水处理难度与压力。

取得成果　创新了国内首个水禽舍内全自动清粪。通过研发节能减排的水禽舍全自动清粪技术，设计粗细二级格栅实现固液分离的污水二级格栅过滤技术，将三级沉淀后的污水用于种植水禽喜食的黑麦草，实现废弃物资源化循环利用，最终实现水禽舍内环境与饲养管理智能化。

经济效益　主要关键技术在苍南县后岘蛋鸭养殖有限公司进行了示范应用，该公司年存栏蛋鸭10 000羽，采用全自动清粪模式的饲养区舍内NH_3浓度显著低于网架下长贮模式，降低30%～50%，网架下贮存时间越久，差异越明显。

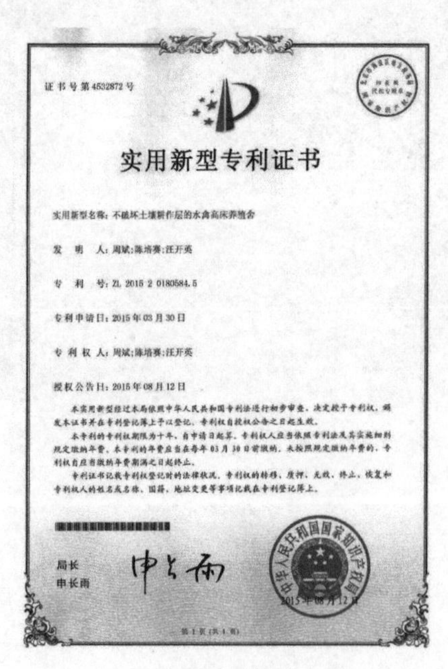

证书号第4532872号

实用新型专利证书

实用新型名称：不破坏土壤耕作层的水禽高床养殖舍

发　明　人：周斌；陈培赛；汪开英

专　利　号：ZL 2015 2 0180584.5

专利申请日：2015年03月30日

专利权人：周斌；陈培赛；汪开英

授权公告日：2015年08月12日

本实用新型经过本局依照中华人民共和国专利法进行初步审查，决定授予专利权，颁发本证书并在专利登记簿上予以登记。专利权自授权公告之日起生效。

本专利的专利权期限为十年，自申请日起算。专利权人应当依照专利法及其实施细则规定缴纳年费。本专利的年费应当在每年03月30日前缴纳。未按照规定缴纳年费的，专利权自应当缴纳年费期满之日起终止。

专利证书记载专利权登记时的法律状况。专利权的转移、质押、无效、终止、恢复和专利权人的姓名或名称、国籍、地址变更等事项记载在专利登记簿上。

局长
申长雨

中华人民共和国国家知识产权局
2015年08月12日

第1页（共1页）

实用新型专利

网床下全自动清粪

智能化水禽旱养加全自动清粪模式鸭舍

项目承担单位： 浙江省畜牧技术推广总站

主 要 负 责 人： 周　斌

四、茶叶产业

CHA YE CHAN YE

浙江省主栽品种白茶加工技术及白茶新产品

立项背景 浙江省名优绿茶产品结构相对单一，春茶生产时间短、采摘劳动力短缺、茶资源利用率低及产品附加值不高等诸多问题逐渐凸显。依托2014年省“三农六方”项目“浙江省特色白茶产品研发(非安吉白茶类白茶)”支持，开展浙江省主栽品种白茶加工技术及白茶新产品研究。

技术亮点 首次突破浙江省主栽品种加工方式的局限，深入挖掘特色品种的白茶适制性，开发系列新产品，丰富了浙江的茶叶种类，优化茶叶生产结构；同时采用该技术使浙江省茶叶资源综合利用方式多样化发展取得重大突破，显著提升浙江省茶园鲜叶原料利用率及产品附加值。

取得成果 项目针对浙江省6个主栽茶树品种，采用传统白茶加工工艺进行白茶加工，筛选出4个特色鲜明的最适品种，分别为白叶1号、浙农113、春雨1号及春雨2号；同时在传统白茶加工工艺基础上，通过对萎凋及干燥工艺的比较优化，研究提出一套浙江省特色白茶加工技术规程。本项目首次突破浙江省主栽品种加工方式的局限，深入挖掘特色品种的白茶适制性，关键技术已在浙江安吉宋茗白茶有限公司、安吉龙王山茶叶开发有限公司等多个示范企业进行了成果转化示范应用。

经济效益 通过成果转化应用，现已在重点示范企业生产出白毫银针、白牡丹、贡眉等5个具有市场竞争力的白茶产品及紧压白茶饼，经示范推广，示范企业提高夏秋茶资源利用率>15%。2014年新增产值平均20万元，此后以平均每年增长15万元的速度不断递增。

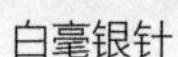

白毫银针

白牡丹

寿眉

项目承担单位： 浙江大学

主 要 负 责 人： 龚淑英

茶饼

茶汤

茶品

名优绿茶微域调控远红外提香技术

立项背景　针对传统提香色泽黄变，滋味转苦的弊端，为实现“增香益色”效果，依托2014年省“三农六方”项目“名优绿茶微域调控远红外提香技术研究与示范”支持，开展微域调控远红外提香技术研究。

技术亮点　通过产学研合作，研制出具有自主知识产权的新型人工微域调控提香设备。与传统提香机相比，新设备主要在以下方面有创新：增添了提香设备环境的增湿处理，有助于实现对环境条件中湿度等参数的控制；金属纤维远红外发射/微域环境调控系统：提出了采用电加热方式的金属纤维远红外发射/微域环境调控系统设计方案，使得调温控温更为精准；远红外加热装置可以上下调节，有助于根据茶样状况实时调控。

取得成果　研制出人工微域调控远红外提香设备(获得了两项专利：ZL201620203882.6、ZL201210049679.4)。针对浙江省名优绿茶提出了一整套的微域调控提香技术。经专家审评，茶样经提香处理后，感官品质有明显提升，尤其在香气、滋味等内质方面，其得分平均高2分左右。

人工微域远红外提香设备

经济效益 与传统热风提香设备相比，微域调控技术因在提香环境中增加了湿度因子，使得香气提升的同时，滋味亦不苦涩，茶样外观更趋润泽，真正实现了“增香益色”的效果。针对浙江省名优绿茶提出了一整套的微域调控远红外提香技术，所处理产品较传统提香样香气、色泽得分提高1～2分。到目前为止已与“江苏宜兴鼎新微波设备有限公司”签订了成果转化协议。

传统提香样

微域调控远红外提香样

项目承担单位：中国农业科学院茶叶研究所
主 要 负 责 人：袁海波

浙江省红茶品质提升关键技术研究

立项背景 针对浙江省主要以小叶种为主，茶多酚含量较低、氨基酸含量较高的情况，依托2014年省“三农六方”项目“浙江省红茶品质提升关键技术研究”支持，开展浙江省红茶品质提升关键技术研究。

技术亮点 确定工夫红茶真空脉动干燥的最佳工艺参数为：温度80℃、真空度80KPa、真空保持时间90s；研究提出了光补偿萎凋工艺优化参数为：温度27.7℃，相对湿度59.2%，光照强度1 046lux。采用项目组研发的可视化连续化富氧发酵机，进行了温度及发酵时间对工夫红茶感官品质影响实验，确定浙江省小叶种红茶高品质富氧发酵的最佳工艺参数为：发酵环境条件控制相对湿度大于90%，温度30℃，发酵时间3～4h。

取得成果 通过开展工夫红茶加工中光补偿萎凋、富氧发酵、真空脉动＋热风的联合干燥等技术研究，形成浙江省红茶加工技术规范草案，集成技术在浙江省15家企业开展了示范推广。在浙江更香有机茶业开发有限公司、松阳县神农农业发展有限公司等企业建立了工夫红茶连续自动化加工生产线，并开展了推广应用。

经济效益 关键技术和设备先后在三门县(浙东)，武义县(浙中)，建德市(浙北)，松阳县(浙南)等10个工夫红茶产地进行了示范应用，加工完成的工夫红茶产品品质均比传统加工的得到明显提高；2015年“千岛红”荣获第十一届“中茶杯”全国名优茶评比一等奖2个；2016年“千岛银珍牌红茶”“更香茗茶牌武阳工夫”“望府牌金毫”工夫红茶分别荣获第四届“国饮杯”全国茶叶评比一等奖。

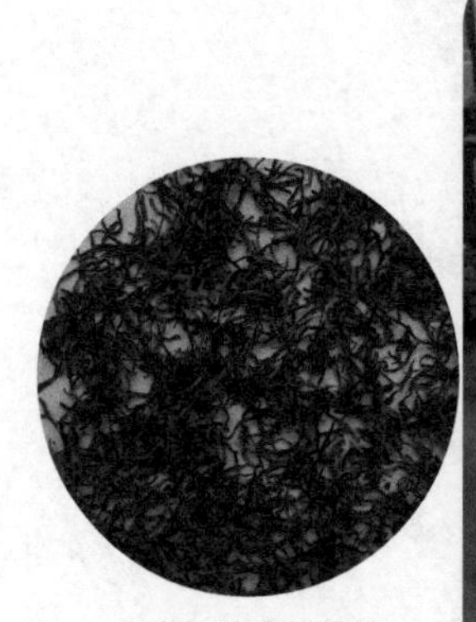

工夫红茶成品照片

工夫红茶揉捻

工夫红茶连续发酵机组

鲜叶光照萎凋实验

工夫红茶可视连续自动化发酵机

鲜叶萎凋机

工夫红茶连续自动化加工生产线

项目承担单位： 中国农业科学院茶叶研究所
主 要 负 责 人： 叶　阳

茶叶品质提升高值化加工技术

立项背景 针对泰顺县茶叶品质良莠不齐、高值化加工技术薄弱等突出问题，依托2014年省“三农六方”项目“泰顺县茶叶品质提升高值化加工技术研究”支持，开展泰顺县茶叶品质提升高值化加工技术联合攻关和技术研发。

技术亮点 开展了“三杯香”茶品质提升关键加工技术研发，在传统加工工艺的基础上进行新技术的结合应用，优化了烘炒结合的工艺技术参数，在保持原有高香特征的同时，改进了茶叶的翠绿特色。在此基础上，分析了不同等级“三杯香”绿茶的品质特征和理化成分等数据，编制了“三杯香”绿茶加工技术规程。

取得成果 围绕泰顺县茶叶资源的开发利用，从高值化产品的设计加工入手，进行了系统设计、科学实验、优化组合、技术示范等，提出了一套茶叶系列产品的品质提升及增值加工技术，并进行示范推广。开展了泰顺红茶关键加工技术研发，创新了以泰顺中小叶种鲜叶原料加工红茶的工艺技术，提出了特色泰顺红茶的加工技术方案，编制了泰顺红茶加工技术规程。还开展了茶茗豆的生产加工工艺技术及参数研究，提出了一种茶烘焙食品（茶茗豆）加工关键技术及工艺规范。

经济效益 2015—2016年累计推广“三杯香”绿茶144吨，新增产值1 800万元，新增利税342万元；累计推广泰顺红茶110吨，新增产值1 190万元，新增利税238万元；累计推广茶食品销售5.6吨，新增产值34万元，新增利税6.6万元，提高了泰顺县茶产业的经济效益。

泰顺三杯香茶生产线

泰顺香菇寮白毫（绿茶）

三杯香绿茶

泰顺红茶

泰顺三杯香

茶食品

项目承担单位： 中国农业科学院茶叶研究所
主 要 负 责 人： 江和源

香茶生产“双减”低碳、安全、高效实用栽培技术模式试验示范与推广

立项背景 针对香茶生产存在的施肥量明显偏大、施肥时间和方法不合理以及农药使用次数偏高、物理防治新技术使用不科学等问题，依托2015年省“三农六方”项目“香茶生产“双减”低碳、安全、高效实用栽培技术模式试验示范与推广”支持，开展香茶生产“双减”相关技术研究。

技术亮点 开展测土施肥和推荐配方施肥技术试验示范，以减少茶园化肥使用量。着重开展色板杀虫灯的科学使用技术和茶尺蠖病毒防治技术试验示范，以减少色板杀虫灯的使用量，增加生物农药使用、减少化学农药使用量，促进茶园生态安全。

取得成果 开展测土施肥和推荐配方施肥技术试验示范，色板杀虫灯的科学使用技术和茶尺蠖病毒防治技术示范与推广，实现香茶生产“双减”低碳、安全、高效。香茶生产减量施肥技术示范推广和生物质炭改土示范试验，项目实施区化肥用量减少17.5%～26.3%。香茶生产病虫绿色防控与减药技术推广，化学农药用量减少11.3%～33%，黄板诱虫灯用量减少80%以上。

经济效益 在浙江省丽水市香茶主产县区（松阳县、遂昌县、龙泉市、莲都区）开展了减肥减药的技术推广工作。建立示范点5个，核心示范面积1千多亩，减肥减药技术推广总面积8.45万亩。

生物质炭肥试验

试验调查

前期调研

技术培训交流

技术指导

项目承担单位： 中国农业科学院茶叶研究所

主 要 负 责 人： 唐美君

浙江省茶尺蠖两近缘种的发生及防治技术研究

立项背景 茶尺蠖在浙江省30多个主要产茶市县均有不同程度发生，依托2016年省“三农六方”项目“浙江省茶尺蠖两近缘种的发生及防治技术研究”支持，开展茶尺蠖生物防治技术研究。

技术亮点 调查浙江省35个主要产茶市县茶尺蠖发生程度，鉴定和研究两近缘种茶尺蠖的生物学特点差异，并针对性的提出灰茶尺蠖性生物防治技术。

取得成果 研究明确了浙江省茶区两近缘种茶尺蠖的分布，其中灰茶尺蛾分布范围比小茶尺蠖广，且两近缘种存在混发区。明确了两近缘种茶尺蠖在高龄幼虫、蛹和成虫的体长体重、发育历期和种群增长指数等生物学特性上存在差异。提出了灰茶尺蠖性信息素、茶尺蠖病毒和植物源农药苦参碱等3项生物防治技术。

经济效益 推广应用茶尺蠖病毒和植物源农药等生物防治技术面积超过3万亩次。目前，灰茶尺蛾性诱剂、茶尺蠖病毒和植物源农药已在生产中作为生物防治方法大面积应用，经济、社会和生态效益明显。

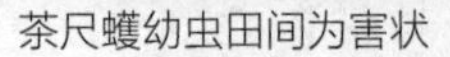

茶尺蠖幼虫田间为害状

严重受害的茶园

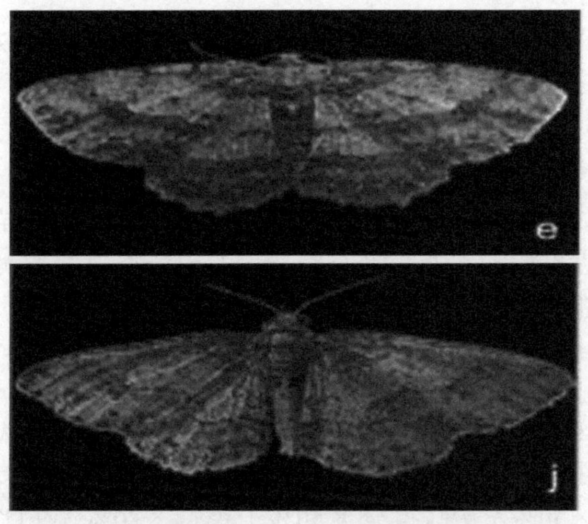

e:灰茶尺蛾成虫　　j:小茶尺蠖成虫

性信息素诱捕灰茶尺蛾成虫

项目承担单位： 中国农业科学院茶叶研究所

主 要 负 责 人： 肖　强

谷物制品专用茶粉制备技术研究与示范

立项背景 当前全国茶产业面临资源如何规模化增值利用和引导新的规模化消费等共性问题；另外，还存在高性价比的谷物制品专用茶粉的市场空白，茶面制品尤其是烘焙食品市场对高性价比茶粉原料的巨大需求空间。依托2015年省“三农六方”项目“谷物制品专用茶粉制备技术研究与示范”支持，开展相关技术攻关。

技术亮点 探索建立了适宜谷物制品专用茶的评价体系：参考现有茶叶感官审评的国标方法，结合谷物制品专用茶的需求差异性，经归一化赋权，探索建立专用茶感官品质评价，即综合评分A = 汤色得分 × 30% + 滋味得分 × 50% + 香气 × 20%。在此基础上，重点针对苦涩味，以茶鲜叶中非酯型儿茶素和酯型儿茶素比值，将浙江省主栽12个茶树品种和3个特异品种分为4组，从各组中优选出代表品种龙井43、鸠坑、乌牛早、浙农113及特异白叶品种进行定向加工研究。以生物酶技术弥补小叶种红茶内质不足的缺点，建立了专用红茶加工技术。

取得成果 探索建立了适宜谷物制品专用茶的评价体系，在此基础上，重点针对苦涩味，以茶鲜叶中非酯型儿茶素和酯型儿茶素比值对浙江省主栽12个茶树品种和3个特异品种进行分类，优选了适宜专用茶粉的茶树品种5个（龙井43、鸠坑、浙农113、乌牛早、白叶茶）。研发推广了适宜谷物制品的专用茶加工新技术：结合传统茶加工工艺，以生物酶技术弥补小叶种红茶内质不足的缺点，建立了专用红茶加工技术；优化出色泽翠绿、汤色黄绿亮、香气清高、滋味浓尚醇的绿片茶加工技术。起草特定茶树栽培和鲜叶定向加工于一体的专用茶粉集成制备技术规程1个。

谷物制品专用红茶样中茶多酚、可溶性糖、咖啡碱、茶黄素含量及茶汤

经济效益 本项目建立技术示范点4个，栽培示范茶园685亩、辐射带动茶园面积2 150亩；研发专用茶粉加工技术2个（红茶粉、绿茶粉），开发专用茶粉3个（红茶粉、绿茶粉和特异品种茶粉）。项目深化推进“茶＋食品”从技术到产业再到市场的过渡衔接，通过利用谷物制品专用茶研发推广，一方面直接或间接带动茶园、茶农、茶企增收，另一方面提高了谷物制品的健康品质，契合消费市场需求。

谷物专用绿茶粉原料（绿茶片）

专用茶粉应用实例

谷物专用茶粉原料——特异品种（上：干样；下：茶汤）

项目承担单位： 中华全国供销合作总社杭州茶叶研究院
主 要 负 责 人： 张海华

景宁白茶关键加工技术

立项背景 针对当地茶叶实际生产加工过程中遇到的加工技术不规范、无标准等难题，依托2016年省“三农六方”项目“景宁白茶加工技术研究与示范”支持，开展景宁白茶关键加工技术攻关。

技术亮点 根据茶树生长的物理特性和鲜叶品质的化学分析，综合判断出景宁白茶的最适采摘时期和品种适制性，有利于指导鲜叶的及时采摘和合理加工。提出了采用景白1号鲜叶原料加工成卷曲形绿茶和景白2号鲜叶原料加工成条形绿茶的最适工艺流程、最佳工艺技术。高温提香能有效去除发酵偏轻造成的青草气，提高甜香味和滋味醇度。

取得成果 通过研究景宁白茶鲜叶适采期，从而可以掌握其白化鲜叶采摘标准、采摘时间段和洪峰期时间，有利于在生产过程中充分组织人员及时采摘，最大限度地发挥景宁白茶的优良特性和经济价值；通过对相同鲜叶原料实行不同工艺对比加工试验，不同机具组合加工试验，改进白茶的加工技术，优化白茶加工工序和配套机具，从而改善白茶香气和滋味，提高白茶的整体品质，使景宁白茶达到规范化标准化生产的要求，提升其综合效益。景白1号、景白2号茶树品种试制的红茶产品具有汤色橙红明亮，滋味甜醇鲜爽，香气有甜香等特点，亦可适制花香型红茶，产品特异性明显，能更好满足消费群体喜欢品饮淡雅型红茶的需求，具有广泛的市场前景。

适采期调查

经济效益 项目研究成果在景宁茶区的应用，对于提升当地茶叶加工技能水平，解决当地茶叶实际生产加工过程中遇到的技术难题，掌握茶叶规范化标准化加工技术以及提升白茶综合效益具有重要意义。

景白1号扁形成品　景白1号条形成品　景白1号毛峰成品　景白2号扁形成品　景白2号条形成品　景白2号毛峰成品

不同白化茶树品种按不同发酵方式制得的红茶品质差异
（从左依次：1号自然发酵、发酵机、发酵房；2号自然发酵、发酵机、发酵房）

不同白化品种制成条形绿茶和毛峰绿茶的品质差异
（从左依次：1号条形、2号条形，1号毛峰、2号毛峰）

项目承担单位： 中华全国供销合作总社杭州茶叶研究院
主 要 负 责 人： 唐小林

香茶连续化生产线关键加工技术及实物标准样应用

立项背景　为进一步提升香茶加工产品的品质稳定性和符合香茶的品质要求，依托2016年省“三农六方”项目“香茶加工关键技术、成套装备及实物标准样研究与示范”支持，开展相关技术攻关。

技术亮点　采用80型电磁杀青机进行杀青，通过温湿度等因素控制，确保香茶杀青叶杀匀、杀透；采用两次循环滚炒，通过每次滚炒的次数和温度控制，确保达到香茶外形和内在品质要求，同时将碎茶率控制在4%以下。系统研究了丽水产区香茶产品理化成份差异性分析，制作出适用于丽水香茶生产的标准样一套。

取得成果　研究并提出了香茶连续化加工工艺及配套技术，明确了香茶加工中杀青、揉捻以及循环滚炒等工序的设备配置和工艺参数以及品质形成规律。提出了一种香茶降温保湿连续冷却回潮机的技术方案，已申报发明专利（专利号：201711026106.9）。研发并建成1条香茶连续化加工示范生产线。同时系统研究了丽水产区香茶产品理化成分差异性分析，将丽水香茶实物标准样分4个茶叶等级，即特级、一级、二级、三级。

经济效益　2017年春茶季建立1条香茶连续化加工示范生产线，平均产能可达50千克/小时以上，加工的产品品质较稳定、且符合香茶的品质要求。按照香茶加工杀青叶含水率55%

丽水香茶实物标准样
（分四个茶叶等级：特级、一级、二级、三级）

香茶实物标准样外观

计算，80型电磁杀青机台时杀青量以250千克计，干茶含水率6%计算，该生产线每小时干茶生产量为66.5千克，大大超过了传统单机生产模式。生产线和相关技术已推广应用到多家企业。经应用后，加工出的成品茶外形条索紧结、香高味醇且耐于冲泡，碎茶率低，整体品质稳定优异。茶叶加工过程中碎茶率可降至6%以下。在能耗方面，应用香茶连续化加工技术后，每加工1千克成品茶至少可节约成本6～7元（同等级别成品茶）。同时，采用新技术后，香茶产量和产值以及总体利润均较往年有所提高，整体的综合效益提高16%以上。

推广生产线1——景宁光法家庭农场

推广生产线2——景宁澄照茶叶专业合作社

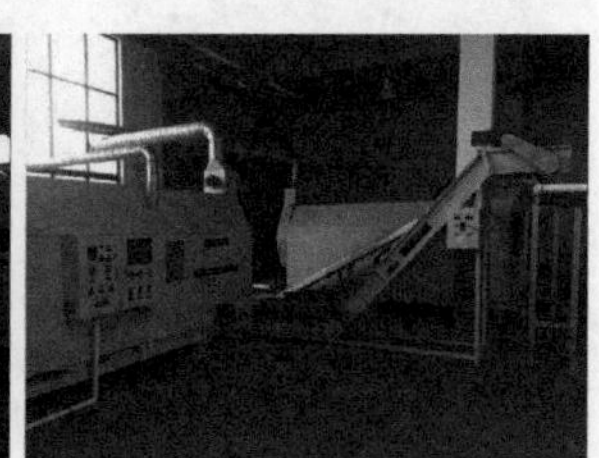

香茶连续化生产线
（年产香茶最大可达到500吨，年按250天算）

项目承担单位： 中华全国供销合作总社杭州茶叶研究院
主 要 负 责 人： 唐小林

基于茶树品种筛选的甜香型红茶适制性研究

立项背景 浙江省红茶虽然产销规模迅速扩大，但整体红茶质量水平参差不齐。亟须筛选一批优质红绿茶兼制品种，扩大生产应用，从而提高浙产红茶品质水平，形成绿茶为主、红绿互补的茶叶产销格局。依托项目“特色红茶生产技术示范与推广”支持，开展基于茶树品种筛选的甜香型红茶适制性研究。

技术亮点 筛选了7个适合红绿茶兼制的茶树品种，系统地评价了各品种对工夫红茶的适制性。优化加工工艺，形成了一套较为系统的早春名优绿茶、晚春及夏秋工夫红茶组合生产技术。首次对“鸠坑早”这一鸠坑种单株新品系加工红茶适制性研究，结合品种适应性，进一步展示了该品种良好的推广前景。

取得成果 摸索出一套优化的红绿茶兼制茶园培管技术；筛选出3～4个优质红绿茶兼制的茶树品种；优化加工工艺，从而形成一套较为系统的早春名优绿茶—晚春及夏秋工夫红茶组合生产技术。

鸠坑系良种茶苗扦插现场

经济效益 建立示范基地83亩，开展名优绿茶—工夫红茶组合生产。项目实施期间，累计实施面积166亩，工夫红茶产量增产923千克，增值49.3万元，亩均增收2 970元，取得了较好的增产增收效果；2016—2018年三年间，累计出圃鸠坑系良种茶苗1 600万株，建设可开展名优绿茶—工夫红茶组合生产基地4 000亩，成园后可年增收1 200万元以上。目前淳安已确定大力推广种植鸠坑无性系良种，并提出了“三年一万亩、五年三万亩”的鸠坑系良种推广目标。

2017年冬扩繁的80余个鸠坑种单株

即将出圃的鸠坑系良种茶苗

项目承担单位： 淳安县农业技术推广中心茶叶站
主 要 负 责 人： 王华建

适制龙井茶的茶树新品种栽培与加工技术集成

立项背景 依托项目“龙井茶适制茶树新品种优选与配套种植加工技术熟化集成”支持，开展适制龙井茶的茶树新品种栽培与加工技术集成研究。

技术亮点 突破了害虫诱捕的大量用工的被动局面，在虫口继代的关键时期，充分发挥了色板诱杀的优势，最大程度地消灭茶园害虫，在病害防治方面，突破了传统农药的限制，积极利用了高效无毒的生物类农药。

取得成果 选出1个适宜制作龙井茶的茶树新品种中茶108，总结了新品种龙井茶园建园以及四季栽培管理技术一套。创新了低成本植保途径的无公害栽培的茶园病虫防治新方式，构建了高效人工茶青精采与高质量茶叶精加工的协同模式。

粘虫黄板害虫诱杀试验

经济效益 龙井茶园栽培管理新技术辐射推广了1 000亩以上，向茶叶加工骨干传授技术超过600人次。优质茶叶出品率比往年提高了10%以上。在采摘、加工方面，充分表现中茶108的龙井茶适制性和产品特色，有助于新品种的推广，由此带动的苗木繁育等系列产业，从而大大提升龙井茶产业的经济效益。

龙井茶茶采摘以及精加工试验

项目承担单位： 绍兴市农业科学研究院
主 要 负 责 人： 付　杰

新昌县大佛龙井茶标准化生产与绿色防控技术示范与推广

立项背景 依托浙江省茶产业技术项目“新昌县高山红茶新型发酵技术示范与推广”支持，开展新昌县大佛龙井茶标准化生产与绿色防控技术示范与推广研究。

技术亮点 制订测土配方试验方案，根据检测数据，结合茶树生长习性和采摘需要，分析和调整示范基地原有的施肥方案，并引进和推广坡地茶园生态农法技术，对茶园土地进行修整，改善坡地土壤状况。引进病虫害绿色防控措施，进行新技术的引进与推广，包括冬季清园、引进与推广矿物油的应用、茶尺蠖病毒制剂防治茶尺蠖技术、色板诱杀技术等。

取得成果 通过测土配方施肥研究及新肥料、新技术的引进与推广，采用冬季清园、矿物油的应用、茶尺蠖病毒制剂防治茶尺蠖技术、色板诱杀等病虫害绿色防控技术，建立一套大佛龙井茶标准化生产规程。

经济效益 项目实施单位新昌县雪溪茶业有限公司减少了化肥施用量19%，减少农药使用量12%，2017年示范基地总产量1.2吨，总产值103万元，亩产值1.03万元，分别同比增长了20%、29%和29%。

项目承担单位： 新昌县茶叶总站

主要负责人： 周竹定

绿色防控——色板诱虫

项目落实会议

专家现场指导

新昌县高山红茶新型发酵技术示范与推广

立项背景　茶园海拔高度和土壤类型与红茶品质的形成关系密切。发酵是红茶加工的关键工序，在红茶醇厚、香甜、高爽的滋味等品质形成中起着决定性作用。依托浙江省茶产业技术项目“新昌县高山红茶新型发酵技术示范与推广”支持，通过对海拔高度、土壤类型和发酵工艺对红茶品质影响的探究，开展高山红茶新型发酵技术研究。

技术亮点　通过对海拔高度、土壤类型和发酵工艺对红茶品质影响的探究，初步得出合适的高海拔红茶发酵技术。采用变温发酵技术制成的红茶香气馥郁、滋味醇厚，更具竞争力优势，试验达到了提升红茶品质的效果。

取得成果　在不同海拔高度鲜叶原料红茶发酵参数研究中发现，海拔400m、600m组试制的红茶甜香浓郁，带花香，滋味鲜爽醇厚，整体表现明显优于海拔200m组。在不同土壤类型鲜叶原料发酵参数研究中发现，沙壤土种植的茶叶持嫩性好，适度发酵的时间适中，试验发酵时间在4h时干茶品质最佳，超过4h茶叶品质有所下降。

经济效益 项目实施单位新昌县小将镇乌牛岗家庭农场，2016年实现红茶年产量840千克，年产值128万，平均单价761元；2017年实现红茶年产量1 000千克，年产值165万元，平均单价825元，分别同比增长19%、29%和8.4%。2016年全县天姥红茶产量58吨，产值3 100万元，同比2015年50吨与2 600万元分别增产16%与增值19.2%。2017年天姥红茶产量65吨，产值3 550万元，同比增产12%和增值14.5%。菩提丹芽牌天姥红茶获得2016年第二十三届上海国际茶文化旅游节“中国名茶评选”金奖。

三种不同发酵方式制成的干茶
（从左向右：常温发酵、低温发酵、变温发酵）

项目承担单位： 新昌县茶叶总站
主 要 负 责 人： 周竹定

香茶适制茶树新品种优选与配套种植加工技术集成

立项背景 为更有效地促进了香茶的发展，提高香茶品质和生产效率，降低生产成本。依托浙江省茶产业技术项目“香茶适制茶树新品种优选与配套种植加工技术熟化集成”支持，开展香茶适制茶树新品种优选与配套种植加工技术集成研究。

技术亮点 创新的使用了电磁重杀青（45%）结合烘二青的加工方法，以达到提高香茶翠绿度的目的。同时用烘二青代替传统杀青机循环滚炒的工序，显著降低了断碎率，提高了香茶制率。此外，将电磁杀青应用在生产流水线上代替用柴，通过克服香茶生产流水线“冷却回潮”环节，协助发明了“回潮机”，积极推广应用于实际生产，实现了香茶的生产流水线。

取得成果 通过对加工工艺上的创新、适制品种的筛选、香茶生产流水线的优化以及对生产模式的优化，集成香茶适制茶树新品种优选与配套种植加工技术。通过对不同品种进行香茶适制，筛选出香茶适制茶树品种依次是中黄1号、白叶1号、黄金芽、丽早香等。通过克服香茶生产流水线“冷却回潮”环节难题，协助发明了“回潮机组”，积极推广应用于实际生产，实现了香茶的生产流水线。创新使用了电磁重杀青（45%）结合烘二青的加工方法，通过烘二青、足火烘干等工序代替传统杀青机循环滚炒的工序，显著降低了断碎率，提高了香茶制率。

早茶遮阳网设施栽培技术

经济效益 熟化集成香茶抗寒设施栽培技术：覆盖遮阳网，遮阳网轻便、耐用，且可实现遮阳、抗旱、防冻等一网多用，在生产上的推广应用越来越多。推广种植技术示范基地1 000亩以上，推广加工技术50家以上加工厂。实现了香茶的清洁不落地可持续生产，同时也降低了成本。

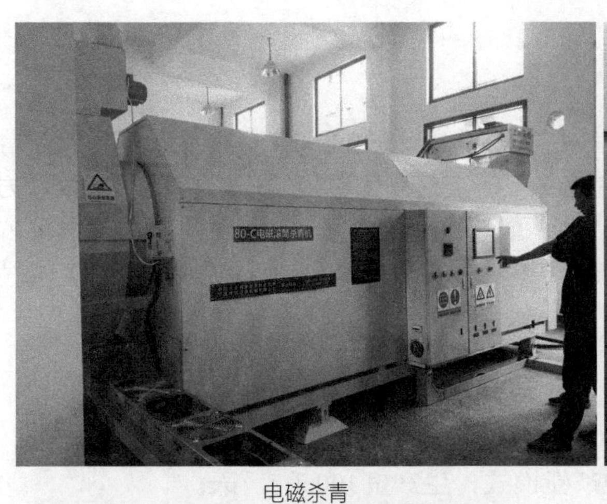
电磁杀青

回潮机

香茶生产流水线

项目承担单位： 丽水市农业科学研究院
主 要 负 责 人： 何卫中

机采鲜叶加工扁形绿茶关键技术研究与示范

立项背景　扁形绿茶是浙江省名优绿茶主导产品。随着社会经济的发展和城市化推进，采茶劳动力紧缺的问题日益突出，导致完全依靠手工采摘和单机制作的扁形绿茶生产方式无法持续，亟待通过机采机制的生产方式解决。依托2014年省“三农六方”项目“机采鲜叶生产扁形绿茶连续化加工关键技术应用与示范”支持，开展机采鲜叶加工扁形绿茶关键技术研究与示范。

技术亮点　依照传统机制扁形绿茶的加工方式，充分利用机械化采摘茶树鲜叶，结合鲜叶分级机、理条杀青机、茶叶在制品切断机等研制建立了扁形绿茶连续化加工生产线，成功探索出一套机采鲜叶分级分类加工扁形绿茶新模式，生产量400千克/天。

取得成果　根据项目研究的机采鲜叶分级加工扁形绿茶技术、机采鲜叶加工扁形绿茶塑形技术等创新点，选用新型、绿色环保的国产扁形绿茶生产机械（鲜叶分级机、理条杀青机、茶叶在制品切断机等）并有机整合，设计研发出一条实用性强、操控简单、绿色环保的新型扁形绿茶连续化生产线，整条生产线有效利用机械化采摘茶鲜叶，创新了机械化采制扁形绿茶加工新模式，生产量400千克/天，能显著提升扁形绿茶外形品质，茶成品得率提高5%以上，碎茶的比率显著下降，黄片茶略有下降。

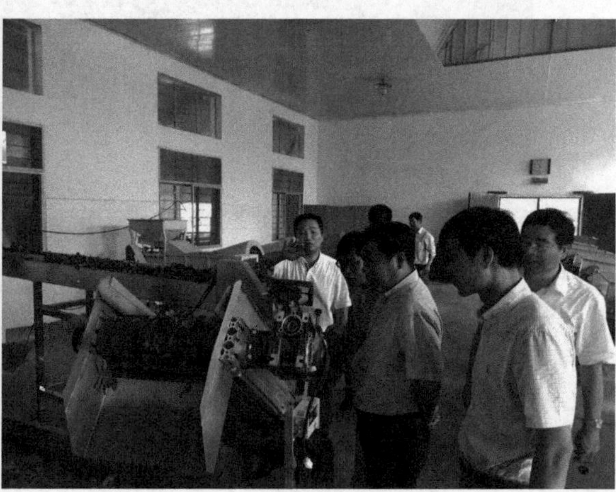

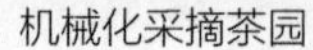

机械化采摘茶园

交流观摩

经济效益 新型扁形绿茶连续化生产线已在武义县俞源乡九龙山茶场投入使用。该机采扁形绿茶连续化生产线由42台设备构成，生产线加工鲜叶能力为100千克/小时。机采鲜叶加工扁形绿茶连续化生产线关键技术的研究与应用，不仅将有效提高浙江省机采机制扁形绿茶技术水平，同时有利于扁形绿茶向欧美等扁形绿茶高端国际市场拓展，提高浙江省扁形绿茶产业整体效益，达到“茶叶增效、茶农增收”的目的。

机采扁形绿茶连续化生产线

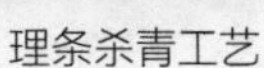

理条杀青工艺

机采鲜叶加工的扁形绿茶

项目承担单位： 浙江省种植业管理局、中国农业科学院茶叶研究所

主 要 负 责 人： 俞燎远　尹军峰

五、水果产业

SHUI GUO CHAN YE

猕猴桃溃疡病绿色综合防控技术

立项背景　猕猴桃溃疡病是一种严重威胁猕猴桃生产的毁灭性病害。近年来，不少猕猴桃种植户因果树溃疡病暴发而大面积减收，亟须有效的防控技术，依托2016年省“三农六方”项目“浙江省猕猴桃溃疡病绿色综合防控”支持，开展相关技术攻关。

技术亮点　利用植物内生真菌诱导猕猴桃树产生系统抗性防治溃疡病，这种以菌治菌的生物防治方法既符合当下农药化肥“双减”要求，又能有效控制因品种抗性丧失、气候异常等造成溃疡病暴发蔓延造成的危害。此外，鉴于内生真菌具有良好的定殖能力，只需用药一次，即可成功定殖于猕猴桃根部诱导产生抗性，减少工时与劳力。

取得成果　通过对溃疡病病原菌进行分离鉴定，明确病原菌、致病性及其发生规律；并筛选得到具有良好拮抗作用的有益微生物，将其制备成菌肥定殖于猕猴桃树根际周围，提高根系免疫水平，恢复根际周围微生物环境。同时整合增施有机肥、搭配施用铜制剂，加强农事管理、应用设施栽培等技术方法，集成一套利用微生物菌肥、菌剂对猕猴桃溃疡病进行综合防控的技术；形成一套农户可操作的技术手册；建立一套猕猴桃溃疡病的绿色生态防控流程。

猕猴桃溃疡病症状

经济效益 利用植物内生真菌诱导猕猴桃产生系统抗性防治溃疡病，这种以菌治菌的生物防治方法既符合当下农药化肥“双减”要求，又能有效控制因品种抗性丧失、气候异常等造成溃疡病暴发蔓延造成的危害。示范推广1 000亩次以上，每亩增收1 000元。

猕猴桃溃疡病防治

技术指导

项目承担单位： 浙江大学

主 要 负 责 人： 苏珍珠

柑橘果实保质减损贮藏物流技术

立项背景　由于柑橘成熟采收时间比较集中，大量的柑橘同时进入市场。为了延长柑橘上市时间，果农一般采用贮藏保管，分期分批地供应市场，但未经过一定的商品化贮藏处理，果实易出现腐烂、枯水、外观差、口感风味差等问题，严重降低了柑橘品质，影响销售。依托2016年省"三农六方"项目"水果物流保鲜核心技术研发与集成应用"支持，开展柑橘果实保质减损贮藏物流技术研究。

技术亮点　研发了柑橘果实热激保鲜技术、热激与防腐剂符合保鲜技术和适温冷链物流技术，并开发了相应配套热激和物流信息化监控系统，开展规模化示范和应用。研创了基于热激的防腐保鲜剂减量增效新技术，热激（55℃，20s）可使果实腐烂率仅为8.33%，结合热激处理可减少75%的防腐保鲜剂用量。研发了采后热处理降酸技术，处理后10天的椪柑果实柠檬酸含量显著降低，比自然降酸提早。

取得成果　研发了采后热处理降酸技术，处理后10天的椪柑果实柠檬酸含量可降至1%以下（多数消费者可以接受的酸度），比自然降酸提早了20天；确定7～8℃为椪柑等宽皮柑橘适宜物流温度，使贮藏物流5个月再货架1个月的果实腐烂率下降50%；采用热激结合减量（常规用量的25%）防腐保鲜剂处理的果实腐烂率仅为8.33%，与常规用量防腐保鲜剂处理的对照相比无显著差异；研制了热激装备，集热激与防腐保鲜剂处理于同一环节，提高了自动化程度，实现了产业化应用。

经济效益　共有78 000吨椪柑果实实施防腐剂减量结合采后热激处理技术，贮藏4个月果实腐烂率减少12%，按每吨销价3 600元计，加上防腐剂减量节省费用70元/吨，扣除热激电费2元/吨，3年累计增效3 900万元。

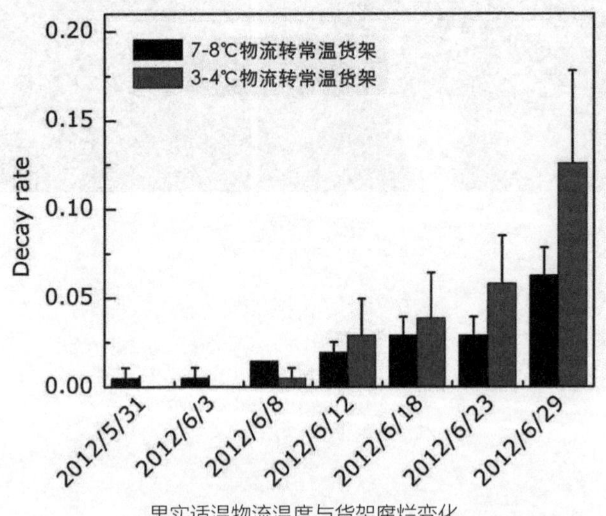

果实适温物流温度与货架腐烂变化

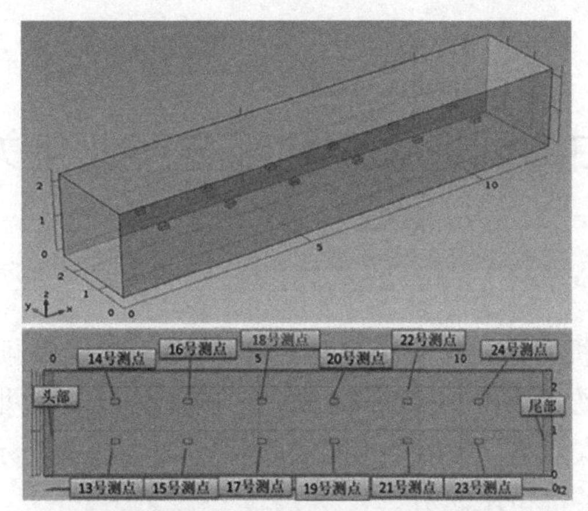

物流货柜不同部位温度变化监控实例

柑橘果实热处理装备

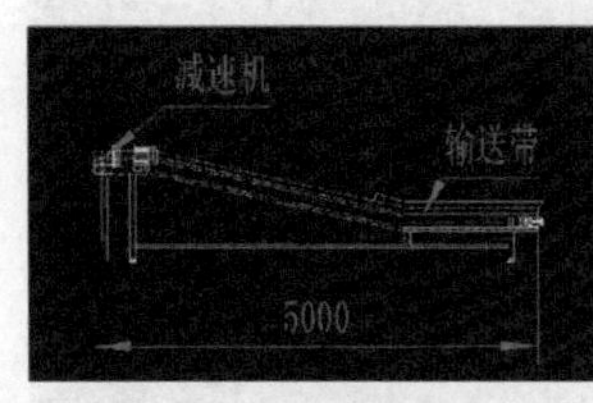

果实传送提升设备

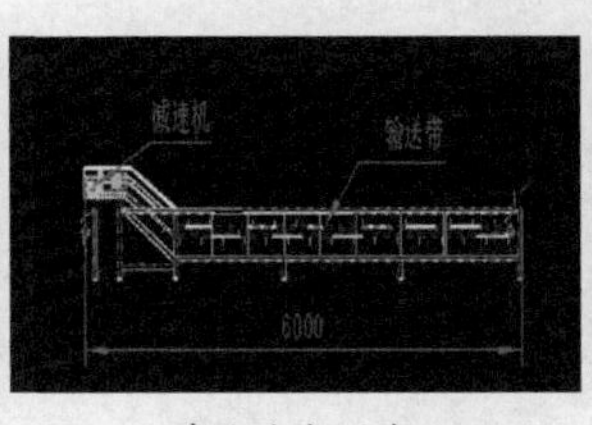

清洗冷却设备

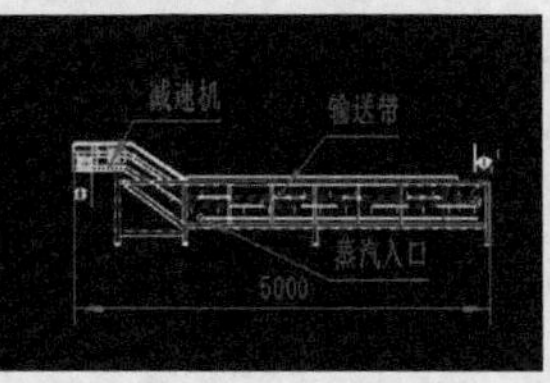

热处理设备

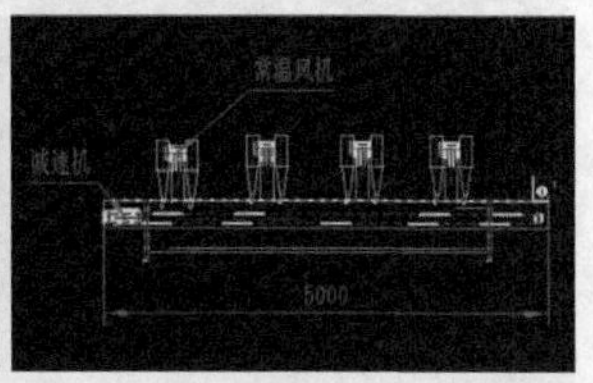

热处理后强风吹干设备

柑橘果实热处理装备设计图

项目承担单位： 浙江大学

主 要 负 责 人： 孙崇德

浙江省白肉枇杷资源利用与产业化关键技术

立项背景　近年来，浙江省白肉枇杷产区由于气候异常现象频发，给枇杷产业造成了极大的损失。白肉枇杷的抗冻性和抗花腐病已成为影响浙江省白肉枇杷产业发展的重要因子。为此，依托2014年省“三农六方”项目“枇杷优质栽培技术研究与示范”支持，开展浙江省白肉枇杷资源利用与产业化关键技术研究。

技术亮点　运用分子标记技术鉴定出浙江省白肉枇杷种质资源15份，从中选育出抗逆性强、可不套袋栽培的白肉枇杷新品种“太平白”。率先阐明白肉枇杷较黄肉枇杷高含糖量与高果糖比例的代谢机制及采前10天为枇杷糖分积累的关键期，为采前高品质措施应用提供基础。率先研究了套袋对白肉枇杷抗氧化品质的影响，为提升套袋果实品质提供理论依据。

取得成果　建立了基于分子标记的MCID（人工绘制品种鉴定图法）的枇杷品种鉴定方法，从中选育成熟期较“宁海白”早5～7天、抗逆性强可不套袋栽培的白肉枇杷新品种“太平白”，并通过浙江省林木良种审定。开发了基于春梢摘心延迟白肉枇杷开花的技术，可延长花期1个月以上，有效避开1月低温冻害。开发冬季幼果套袋防冻等技术，可提高温度1～2℃，达到防冻促早成熟。开发了防花腐病、裂果、日灼的相关技术，并制订了白肉枇杷标准化栽培模式图。

冬季幼果套袋防冻技术

经济效益 新品种“太平白”累计繁育种苗8万余株。目前在丽水、义乌等地推广4 000多亩，占当地丽水白肉枇杷面积的70%，以每亩增收1 000元计，年增400万元。以春梢摘心为核心的枇杷延期花期避冻增产技术、套袋与地膜覆盖防日灼与裂果技术、以及通过花前、谢花和幼果期应用相关药剂防花腐技术，分别年推广5 000亩、1.2万亩和1.2万亩。以上4项共计年增收10 900万元，三年累计增收3亿元以上。

新品种“太平白”

防花腐病

项目承担单位： 浙江省农业科学院

主 要 负 责 人： 陈俊伟

浙江省桃优质高效生产关键技术研发与集成应用

立项背景 流胶病是我国南方桃产区最为主要的病害之一，目前还没有有效的根治手段。浙江省作为我国南方水蜜桃的主产区和优势产区，有接近一半为流胶病重度危害的老龄桃园。为此，依托2015年省“三农六方”项目“桃提质增效关键技术研究与示范”支持，开展相关技术攻关。

技术亮点 通过综合应用品种、砧木和园地的选择，树形构建，设施避雨，病虫害生物防治等技术解决了以往生产上应用单一技术对流胶病防治效果不佳的问题，可以明显抑制老桃园流胶病的重发和控制新园流胶病发生。适用于浙江省所有桃产区，特别是老产区新建和成龄桃园。建立了一套包括大棚设施构建、设施品种选择、桃园生草、水肥高效使用及病虫生物防治在内的桃避雨设施栽培技术体系。

取得成果 通过研发流胶病综合防控技术、设施避雨栽培技术、负载量优化控制技术、以及高光效、简约化“Y”形整形技术，集成浙江省桃优质高效生产关键技术。通过研发技术的集成应用，桃果实糖度可以提高1.5～2度，优质果率提高20%～30%，应用该技术管理的成龄桃园亩产损失可以降低15%～25%，桃生产经济寿命可延长5～8年。

流胶病防控

经济效益 在以早熟桃为主的产区，配套技术的综合应用可以使亩效益增加1 500～2 000元，提升幅度为25%～30%；在以中晚熟水蜜桃为主的产区，相关技术的应用可增加亩效益4 000～6 000元不等，比普通桃园提高30%～50%不等。全省桃产区辐射推广总面积为5 500亩左右。

桃限根栽培

山地桃园生草栽培

项目承担单位： 浙江省农业科学院
主 要 负 责 人： 肖金平

衢州适栽柑橘品种筛选及优质栽培技术研究与示范

立项背景　近年来，受多方面因素影响，衢州柑橘技术到位率不高、品牌不响、效益偏低、市场竞争力较弱，在生产、品质、销售方面都有短板。为此，依托2016年省“三农六方”项目“衢州柑橘产业提升技术研究与示范”支持，开展衢州适栽柑橘品种筛选及优质栽培技术研究与示范。

技术亮点　筛选出适合衢州地区栽培的柑橘品种(系)5个，并开展红美人等品种避雨、保温等设施栽培研究，解决红美人树势早衰、裂果率高、落果多、沃柑冻害、温州蜜柑果实浮皮等生产技术关键问题，并总结形成了衢州柑橘设施栽培技术要点1份，提高栽培效益。

取得成果　引进和筛选出适合衢州地区栽培的柑橘杂柑品种4个，椪柑新系1个。开展红美人、春香、沃柑、椪柑及温州蜜柑的避雨、保温等设施栽培研究，通过密改稀、高改矮，改善椪柑园的通风透光，并集成地膜覆盖控水、增施有机肥、病虫害绿色防控等技术。建立了沃柑与春见保温栽培、春香与鸡尾葡萄柚避雨栽培、椪柑越冬设施栽培、椪柑地膜控水栽培、早熟温州蜜柑延后栽培、红美人避雨栽培等优新品种种植基地，进行衢州适栽新品种及优质生产技术的示范和推广。

经济效益　避雨及保温设施栽培红美人裂果率降低2%，优质果率提高5%，一般柑橘产量按2 500千克/亩计算，优质果粗略可以增加125千克/亩，优质果每千克柑橘价格按40元，一般果每千克20元，每亩经济效益可提高2 500元。早熟温州蜜柑优质果率提高10%，每亩经济效益提高2 000元，椪柑优质果率提高20%，每亩经济效益提高1 000元。结合衢州市品种结构调整、老果园改造、大棚设施、机械化等，全年累计实施淘汰三低橘园2万余亩，柑橘设施1 100多亩，推广优良品种2 000多亩。

项目承担单位： 浙江省农业科学院
主 要 负 责 人： 徐建国

红美人避雨设施栽培

椪柑避雨设施栽培

春香控水避雨设施栽培

椪柑地膜控水露地栽培

设施葡萄提质增效关键技术及应用

立项背景 浙江省是我国南方葡萄主栽区之一。葡萄外观是衡量果实品质和商品价值的重要因子，因浙江省高温高湿气候条件以及种植户对栽培技术掌握的不全面，致使高品质葡萄比重不高，果面常表现着色不良、易生果锈与黑斑点、裂果、气灼等问题。在2016年省"三农六方"项目"提升葡萄外观品质的关键技术研究"支持下，对影响葡萄品质各因子有针对性地开展协同攻关和应用。

技术亮点 以适宜浙江省高温高湿设施栽培条件下优质葡萄栽培为目标，选育和筛选出易积累花色素苷、着色均匀、品质高的有色类型葡萄品种3个，果面美观、亮丽、品质高的绿色类型葡萄品种4个，为浙江乃至南方相似生态区葡萄产业的发展提供了优质葡萄良种。提出了一套适宜浙江省葡萄外观品质调控的栽培技术操作规范，涵盖品种、建园、整形修剪、设施温湿度调控、肥水管理、地膜覆盖、病虫害防治等技术内容。

取得成果 开展了品种引选、抗裂果、促着色、防果锈等田间试验，提出了一套适宜浙江省葡萄外观品质调控的栽培技术操作规范。选育和筛选出易积累花色素苷、着色均匀、品质高的有色类型葡萄品种3个（"天工墨玉""春光"与"新雅"），果面美观、亮丽、品质高的绿色类型葡萄品种4个（"天工玉柱""瑞都香玉""玉手指"与"阳光玫瑰"）。针对绿色类型葡萄，开发了适宜砧穗组合、电动卷膜高效调控设施内温湿度、果穗套防锈袋、科学规范用药等设施葡萄果锈预防技术，无锈果率达90%以上。针对红色类型葡萄，创制了"密植V形架葡萄园改稀植H形架双飞鸟叶幕型省力化栽培模式"与"密植平棚形架葡萄园改一字形架稀植模式"。

新品种天工墨玉

经济效益 新品种、新技术已在浙江省葡萄主产区浦江、温岭、余姚、海宁、长兴、金华等地推广应用，近2年推广应用面积1.51万亩次，新增经济效益3.78亿元。“阳光玫瑰”“玉手指”“天工墨玉”等葡萄市场售价16～40元/千克，亩效益2万元以上，开发的葡萄果实外观品质调控成套技术在主栽葡萄“夏黑”“巨峰”“醉金香”“红地球”上的应用，亩增效1 350元。浦江巨峰葡萄上密植园稀植改型后生产的葡萄被选定为杭州G20峰会产品，2017年获批浙江省首个葡萄出口基地，出口“一带一路”国家新加坡。

夏黑一字形架稀植葡萄园

绿色葡萄一字形整形果穗套防锈袋栽培技术

项目承担单位： 浙江省农业科学院

主 要 负 责 人： 吴　江

杨梅设施延迟栽培关键技术

立项背景 浙江省高海拔杨梅面积已超过10万亩，由于熟期较晚果蝇发生严重，降雨量大导致落果及病害发生严重，经济效益低下。在2016年省“三农六方”项目“杨梅设施延迟栽培关键技术研发与示范推广”支持下，对杨梅设施延迟栽培关键技术开展协同攻关和应用。

技术亮点 开发了杨梅的设施栽培技术，研究集成了衰弱树势复壮技术、树干青苔杀灭技术、大枝伤口保护技术、减药提质增效技术等设施栽培杨梅的安全优质栽培、植保技术体系。

取得成果 筛选出了晚熟品种“东魁”适宜设施延后栽培。开发了防虫网+防雨布、伞式、棚架、大棚等不同的设施栽培模式，降低了杨梅落果率，延迟果实成熟期7～12天，果实品质优良，硬核期覆盖蓝色防雨布可延长果实储藏时间4天。利用生物有机肥、腐殖酸肥料、生物炭肥料等复壮设施栽培多年的衰弱树体树势，研究集成了树干涂白杀灭青苔、涂抹膏剂农药保护大枝伤口、减药提质增效等防控栽培设施内杨梅病虫害技术体系。该成果有效提升了高山杨梅产业栽培技术水平，改良了果实品质，增加了经济效益。

经济效益 该项技术已经在仙居、青田、三门、临海、兰溪等地逐步推广。高山杨梅熟期能延迟至7月中旬，销售价格与集中熟期的每千克40～60元相比提高至每千克120～140元，经济效益可观。

杨梅设施延迟栽培(薄膜棚架)

杨梅设施延迟栽培(防雨布伞)

杨梅设施延迟栽培(防虫网+各色防雨布)

项目承担单位： 浙江省农业科学院

主 要 负 责 人： 任海英

早熟温州蜜柑新品种选育及优质栽培技术集成与示范

立项背景　浙江省国庆节后上市早熟温州蜜柑未成熟，特早熟温州蜜柑糖度低、品质不佳问题，存在市场空缺。在2016年省“三农六方”项目“早熟温州蜜柑新品种选育及优质栽培技术的集成与示范”支持下，开展相关技术研究。

技术亮点　通过对地方柑橘资源收集、芽变选种和国内外新品种引进等途径收集柑橘种质资源，并对引进的品种资源进行系统观察、鉴定和区试研究，筛选出适宜浙江省栽培发展的早熟温州蜜柑新品种“由良”蜜橘；并对选育新品种内质的关键技术进行攻关。

取得成果　收集保存早熟温州蜜柑资源32份；选育出适宜浙江省栽培发展的早熟温州蜜柑新品种“由良”蜜橘，明确“由良”蜜橘为适宜浙江省推广的早熟温州蜜柑新品种。研创提升选育新品种内质的关键技术，并对研创的技术进行集成，制订生产技术规范。明确了通过特维强地膜覆盖配套栽培技术可减少裂果12.3%，可溶性固形物含量增加1.9度。

林木良种证

（审　定）

良种名称　由良

树种　柑橘

学名　*Citrus unshiu* 'Yura'

良种编号　浙 S-ETS-CU-004-2016

适宜推广生态区域

宁海、黄岩、象山及浙江省内的温州蜜柑适宜栽培区。

编号：（2016）第4号　发证机关

2017年 1月 26日

“由良”审认良种证

经济效益 目前，已在浙江省宁波、台州、衢州等地建立4处示范点，累计推广面积超5 000亩。2017年，“由良”优质果产地售价为8.6元/千克，比普通宫川高2.4元/千克。一般温州蜜柑品质以果形小糖度高为质更优，优质果率增加20%以上，测算亩增效益3 360元。

“由良”蜜橘果实

“由良”蜜橘挂果状

项目承担单位： 浙江省柑橘研究所、宁海县林特技术推广总站、浙江省农业技术推广中心
主 要 负 责 人： 柯甫志

避雨栽培葡萄主要病虫防控技术研究及应用

立项背景　针对当前避雨栽培葡萄上较难防治的二病二虫，即葡萄灰霉病、葡萄炭疽病、康氏粉蚧、葡萄透翅蛾，在2011年省“三农六方”项目“避雨栽培葡萄主要病虫防控技术研究及应用”支持下，开展病虫防控技术研究。

技术亮点　抓住当前葡萄生产切实急需解决的病虫危害问题，研究出优化葡萄生产生态环境、性诱剂和低毒农药防治害虫的方法；检测了葡萄灰霉病和葡萄炭疽菌的抗药性，优选了高效低毒杀菌剂用于控制病害；结合修剪、疏果、摘心、套袋等与病虫防治相关的农业措施形成避雨栽培葡萄综合配套防控技术和措施，保障了优质葡萄产品生产。

取得成果　研究探明了康氏粉蚧的实验种群发生代数和越冬场所；测定了葡萄透翅蛾在浙江省北部和中部的成虫发生高峰，研究出优化葡萄生产生态环境、性诱剂和低毒农药防治害虫的方法；检测和研究了灰霉病菌对嘧菌酯的抗药性和解决方案；对比了葡萄炭疽菌对甲基硫菌灵和戊唑醇的抗药性和解决方案。结合修剪、疏果、摘心、套袋等与病虫防治相关的农业措施形成避雨栽培葡萄综合配套防控技术。项目筛选出杀扑磷、戊唑醇、腐霉利等3个高效防治药剂，申报专利2项（含纳他霉素的复配杀菌剂、含咪鲜胺的复配杀菌剂），另1项复配农药戊唑·腐霉利（商品名：戊福）获农药登记。

经济效益　核心示范果园采用信息素及生物农药等，减少化学农药用药40%，葡萄果品病果率控制在2.3%～3.5%。三年累计推广应用综合防控技术果园8 095亩以上；新增经济效益412.12万元。

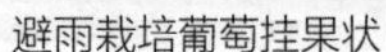

避雨栽培葡萄挂果状

避雨栽培葡萄园

项目研究与应用基地

技术应用

考察与技术指导

项目承担单位： 浙江农林大学
主 要 负 责 人： 徐志宏

葡萄省力化集成栽培技术

立项背景 葡萄是一个高投入高产出的一个水果品种。但是，葡萄必须要精细管理，劳动力用工问题已经成为葡萄生产最大的瓶颈问题。在2016年省水果产业技术项目“葡萄省力化栽培研究与示范”支持下，开展葡萄省力化集成栽培技术研究。

技术亮点 葡萄省力化栽培主要体现在四省：省工（省力）、省肥、省药、省水，从而达到优质、节本、安全、高效的目的。其主要集成栽培技术：葡萄“三减半”（种植株数、施用肥料、施用农药）栽培技术；重整花序轻疏果技术；葡萄“V形”水平架式和“一字形”整形；葡萄冬季2芽修剪，夏季“6＋9”叶剪梢技术；葡萄肥水一体化或肥水同灌技术，并推广应用除草布或反光地膜；安装电动（自动）摇膜器，自动控温、调温。

取得成果 省工节本：通过实施葡萄省力化项目以后，每亩葡萄至少可以节省人工15工、减少肥料施用量600千克、减少农药施用次数3～5次，合计每亩葡萄节省成本约2 400元；提高品质：三减半栽培技术的实施，可促使根系伸展，新梢稳健生长，有利花芽分化，有利提高坐果，减少小粒僵果，能提高果实品质，提高优质果比例20%以上；增加安全性：农药、肥料减至合理施用量后，避免药害、显性肥害和隐性肥害发生，可以大大提高葡萄（食品）的安全性；增加效益：省肥、省药、省水、省人工，能提高葡萄品质和优质果比例。

技术人员现场指导

经济效益 推广应用葡萄省力化栽培技术，每亩葡萄每年至少可以节省人工15工，直接节省劳动力成本1 200元；节省肥料成本1 000元，节省农药150元，节省水资源50元，合计可以节省成本2 400元/亩。海盐县通过每年定期培训，全面推广应用葡萄省力化栽培技术，取得较好的成效，推广应用面积达到近万亩，科技成果应用率达到50%以上。

剪梢反光地膜

葡萄间伐+肥水同灌

项目承担单位：海盐县农业科学研究所

主 要 负 责 人：王其松

柑橘优新品种引进筛选与配套栽培技术

立项背景 浙江省柑橘区域试验站着重示范推广以优质为中心的新品种，注重对浙江省低山丘陵地区柑橘品种的结构调整、推动柑橘产业转型发展。在2016年浙江省水果产业技术项目“低山丘陵柑橘新品种引试和节本优质省力化新技术集成与示范”支持下，开展柑橘优新品种引进筛选与配套栽培技术研究。

技术亮点 经试验初步探明红美人柑橘幼树期成花早成花多、树势易早衰的原因，有针对性地建立“高水平改土、无病毒大苗壮苗定植、抹芽控梢定梢、多肥多水促梢保根”等为核心的红美人预防早衰强壮树势的栽培技术。

取得成果 筛选出适合低山丘陵种植的红美人、沃柑、鸡尾葡萄柚等3个柑橘新品种；建立这3个柑橘新品种推广相配套的优质高产标准化生产技术规程或模式，并开展示范基地建设和技术推广。其中红美人为早熟优质品种，沃柑为晚熟优质品种，鸡尾葡萄柚为特色优质品种；建立“高水平改土、无病毒大苗壮苗定植、抹芽控梢定梢、多肥多水促梢保根”等为核心的红美人预防早衰强壮树势的栽培技术，并建立了沃柑大棚设施栽培技术。

连栋大棚内高接后三年红美人结果状

经济效益 区域试验站内的核心示范基地红美人、沃柑、鸡尾葡萄柚分别种植32亩、12亩和15亩，2016年和2017年2年果实销售收入分别为394.56万元、143.35万元和163.75万元；年亩产值分别为6.17万元、5.97万元和5.46万元。建设柑橘新品种优质高产核心示范基地59亩；提供新品种接穗560千克，良种健康苗木32万株。

连栋大棚内四年生沃柑树结果状

鸡尾葡萄柚三年高接树结果状

项目承担单位： 衢州市农业科学研究院

主 要 负 责 人： 刘春荣

东魁杨梅山地大棚促成栽培关键技术示范与应用

立项背景 东魁杨梅上市供应期较集中，生产中存在“雨水、果蝇”两大技术难题，为提升杨梅生产品质与效益，在2016年浙江省水果产业技术项目“青田杨梅避雨栽培试验示范”支持下，开展东魁杨梅山地大棚促成栽培关键技术示范与应用。

技术亮点 依据山地杨梅园地势呈阶梯式搭建钢架大棚、大棚覆膜等设施，进行温湿光调控、智能温控；配套矮化开心整形修剪的树体管理、应用疏花疏果控产技术进行花果管理、以及肥料和病虫等栽培管理，集成东魁杨梅山地大棚促成栽培关键技术。

取得成果 一是提早成熟，延长采摘期。2016、2017年采收期分别是5月26日至6月15日、5月22日至6月10日，较露地栽培采收期6月16～20日、6月17～22日，分别提早21天、26天成熟上市。采摘期长达21天、20天，而露地栽培仅5天、6天。二是果实品质更优更稳定。2016、2017年可溶性固形物分别为12%、13.38%，较露地栽培11%、11.38%明显提升。平均单果重分别为27.52克、25.30克，明显优于露地栽培25.2克、21.92克。三是产量稳定。2016年、2017年大棚杨梅落果率控制在10%以下，优质果率90%以上，亩产量稳定在600千克、638千克。在瓯南街道白浦村、平风寨村等杨梅主产区建成示范基地6个，全县杨梅大棚促成栽培示范面积30亩。

经济效益 示范基地2016年、2017年大棚杨梅分别提早21天、26天成熟上市，采摘期

山地杨梅园阶梯式大棚

长达21天、20天；落果率控制在10%以下，优质果率90%以上，亩产量分别为600千克、638千克，鲜果单价全程200元/千克，亩产值达10万元以上，同比露地栽培0.70万元、0.34万元年亩效益增长10倍以上，扣除年大棚设施、附加管理成本2.2万元/亩，2016年、2017年较露地栽培亩分别增效7.1万元、7.46万元。

大棚促成栽培与露地栽培果实对比

银黑反光膜增光控湿

项目承担单位： 青田县经济作物管理站

主 要 负 责 人： 邹秀琴

六、蚕桑产业

C A N　S A N G　C H A N　Y E

小蚕工厂化饲育技术

立项背景 在目前劳动力成本日益提高的市场条件下，实行小蚕工厂化饲养，大蚕分户饲养，既能达到优质安全生产，又能使小蚕专业户和大蚕户达到提高经济效益的效果。在2016年浙江省蚕桑产业技术项目“小蚕工厂化饲育技术示范与推广”支持下，开展小蚕工厂化饲育技术研究示范。

技术亮点 开发应用高密度叠式木（塑料）框育饲养技术，选用适宜人工饲料饲养的蚕品种、引进筛选出适宜当地实际生产的较低成本的颗粒饲料和粉体饲料、用收蚁袋收蚁、做好切料与给饵等小蚕人工饲料育方法以及应用智能化温湿度自动控制技术，集成包含桑叶育和人工饲料育两种方式的小蚕工厂化饲育技术。该技术被列入浙江省种植业五大主推技术之一。

取得成果 通过项目实施建立了规范化、配套化设施设备；筛选了适宜小蚕工厂化饲育的家蚕饲料与品种；制定浙江省地方标准《小蚕共育技术规程》（DB33/T 2044—2017）。完成小蚕工厂化饲养蚕种1 763张，其中小蚕人工饲料育595张。建立小蚕专用桑园119亩，培训技术人员和蚕农469人次。

经济效益 2016年，淳安县共建立76个标准示范点，有2 969户蚕农共15 647张蚕种参加小蚕工厂化饲育。2017年全县有2 103户蚕农共18 435.27张蚕种参加小蚕工厂化饲育。小

淳安小蚕工厂化养蚕示范基地

蚕集约规模化饲养，每张蚕种省1.5工；节能节本，可以节电2倍以上，节约用药65%以上，房屋利用率提高2倍以上，张种节约成本160元，共节省成本28.2万元；稳产高产，张产比面上高出2.8千克，蚕农增收24.1万元；合计增收节本52.3万元。小蚕人工饲料育综合经济效益比全龄桑叶育提高20%。

方宅农场

工厂化养蚕——高密度饲养

塑料框饲养

项目承担单位： 浙江省种植业管理局、淳安县蚕桑管理总站

主 要 负 责 人： 徐向宏

基于新型单交蚕品种的省力高效蚕种生产技术

立项背景　蚕蛹雌雄鉴别是目前蚕种生产面临的主要问题，鉴蛹技术人员缺乏、费时费工、准确率低等困扰着蚕种生产企业，逐渐成为蚕种生产效率和杂交率提高的技术瓶颈。在2015年省“三农六方”项目“省力高效蚕种生产模式研究与示范”支持下，开展基于新型单交蚕品种的省力高效蚕种生产技术研究。

技术亮点　基于雌蚕无性克隆系与平衡致死系、限性卵色系杂交育成新型单交蚕品种“浙凤1号”、低制种成本雄蚕品种“浙凤2号”，标志着在国内外率先实现了雌蚕无性克隆技术和品种的实用化。两个新品种及“雌雄蚕卵自动分选机”“雌蛾集团取卵机”配套设备的省力高效蚕种生产技术模式解决了目前蚕种生产企业面临的蚕蛹雌雄鉴别技术难题。

取得成果　育成蚕品种“浙凤1号”“浙凤2号”，配套能分辨具有不同卵色的“雌雄蚕卵自动分选机”以实现平衡致死系与限性卵色系原种雌雄蚕卵分离的机械化；分选效率超过96万粒/小时，复选准确率超过99.7%，已成功应用于平衡致死系与限性卵色系的原种生产。“雌蛾集团取卵机”实现雌蚕无性克隆系原种生产的机械化。该新型单交蚕种生产模式效率可提高20%左右。

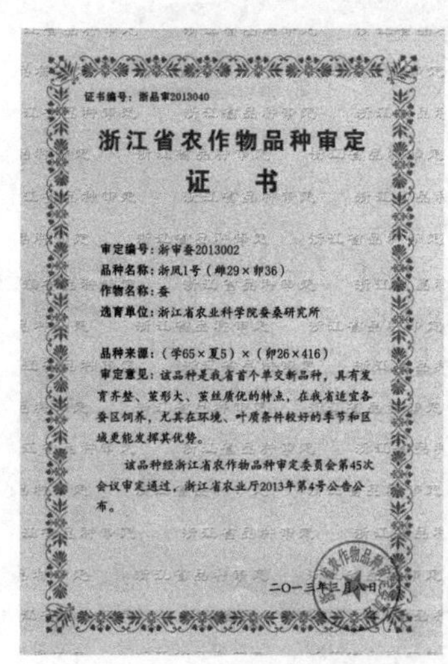

证书编号：浙品审2013040

浙江省农作物品种审定

证书

审定编号：浙审蚕2013002
品种名称：浙凤1号（雌29×卵36）
作物名称：蚕
选育单位：浙江省农业科学院蚕桑研究所

品种来源：（学65×夏5）×（卵26×416）
审定意见：该品种是我省首个单交新品种，具有发育齐整、茧形大、茧丝质优的特点，在我省适宜各蚕区饲养，尤其在环境、叶质条件较好的季节和区域更能发挥其优势。

该品种经浙江省农作物品种审定委员会第45次会议审定通过，浙江省农业厅2013年第4号公告公布。

二〇一三年三月八日

浙凤1号

证书编号：浙品审2016029

浙江省农作物品种审定

证书

审定编号：浙审蚕2016001
作物名称：桑蚕
品种名称：浙凤2号（原名：雌35×平28）
品种来源：雌35：母本为PC-43、父本为夏5、学65；
平28：母本为平30、父本为白玉
选育单位：浙江省农业科学院蚕桑研究所
选育人：王永强、孟智启、杜鑫、祝新荣、姚陆松
审定意见：该品种是一对新型单交雄蚕品种，具有茧丝质优、蚕种繁育效益高的特点，适宜在全省蚕区饲养，尤其是环境条件较好的春蚕、晚秋蚕和山区饲养。

该品种经浙江省主要农作物品种审定委员会第48次会议审议通过，浙江省农业厅2016年第7号公告发布。

二〇一六年五月十八日

浙凤2号

经济效益 经杭州千岛湖蚕种有限公司繁育表明，“浙凤1号”千克茧制种量达5.35张，较常规对照种“秋丰 × 白玉”提高44.59%；“浙凤2号”杂交种生产成本较现行主推雄蚕品种“秋华 × 平30”降低10%。在浙江淳安、河南等地累计推广省力高效蚕品种12 600张，受到蚕种生产企业与蚕农的欢迎，其中1对品种已实现品种使用权的转让(转让费30万元)。

雌雄蚕卵自动分选机

项目承担单位：浙江省农业科学院、浙江省种植业管理局

主 要 负 责 人：王永强

小蚕人工饲料工厂化饲育技术

立项背景　针对小蚕人工饲料工厂化饲育技术在蚕桑生产应用中的关键问题，在2016年省“三农六方”项目“人工饲料蚕品种定向培育与饲料配方优化”支持下，开展小蚕人工饲料工厂化饲育技术研究。

技术亮点　针对浙江省蚕桑生产规律，对生产上覆盖面较大的现行蚕品种(春、秋用各1对)，重新以系统育种法，上溯至相应的中、日系母种层面，进行较大规模的人工饲料适应性定向再选育，培育出适合江浙地区小蚕(1～3龄)人工饲料规模化饲育的蚕品种。

取得成果　培育出适合江浙地区小蚕(1～3龄)人工饲料规模化饲育的蚕品种，通过对现行蚕品种进行人工饲料摄食性的定向培育，改造并提高相应蚕品种对人工饲料的摄食性，优化确立适宜浙江省本地化生产的桑叶粉加工技术，进一步降低了人工饲料成本，形成了一套小蚕人工饲料工厂化饲育技术规程。

经济效益　开发出适合浙江省本地化生产的小蚕(1～3龄)低成本人工饲料配方，成本较市售饲料低30%以上；项目实施期间，分别在浙江省内湖州、淳安、海宁等地建立小蚕人工饲料工厂化饲育示范基地，累计示范蚕种达2 000张左右；全年大蚕饲养量增加200%以上，综合劳动工效提高50%以上。

海宁智能化人工饲料饲育蚕室

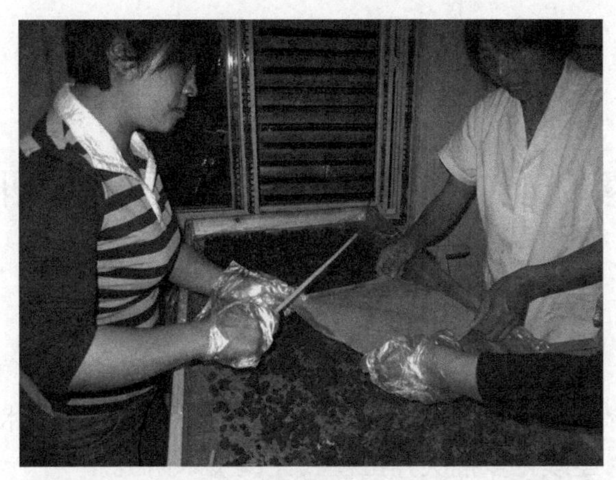

收蚁袋收蚁

扩座与匀座

淳安示范基地小蚕人工饲料饲育

项目承担单位： 浙江省农业科学院、浙江省农业技术推广中心、湖州市农业科学研究院、淳安县茧丝绸有限公司、海宁市蚕桑技术服务站

主要负责人： 潘美良　周文林

连续化多批次养蚕模式关键技术研究

立项背景　针对当前农民养蚕场所急剧减少，为合理利用有限养蚕空间，增加农户收入，开展连续化多批次养蚕势在必行。在2016年浙江省蚕桑产业技术项目“蚕桑高效生产技术研究与示范”支持下，连续化多批次养蚕模式关键技术研究。

技术亮点　通过多批次养蚕试验示范，结合当地气候条件，确定适合当地的养蚕布局；通过小蚕与大蚕分户饲养，解决养蚕场所不充足和蚕期叠加问题；通过探索蚕室与蚕具的消毒方式方法，预防蚕病发生；通过采取分园采叶方式，确保桑园循环利用。

取得成果　通过合理安排养蚕布局、小蚕实行共育、大蚕实行省力化饲养等技术，开展连续化多批次养蚕试验示范。全年平均饲养批次8批，较目前常规饲养增加5批，养蚕布局避开夏季高温，每批次间隔时间15～20天，可充分利用蚕室、蚕具、桑园桑叶。建立桑园统防统治示范基地1个，连续化多批次养蚕试验示范基地2个。

经济效益　在建德、新昌等地试验示范8～12批次养蚕模式，饲养蚕种2 836张，示范户户均蚕种饲养量提高35%；蚕茧产量116 276千克，亩增效益1 502元，辐射带动8 600亩。

桑叶

2018年第一批蚕已上蔟　　2018年第二批蚕进入三龄期

2018年第三批蚕收蚁

项目承担单位： 浙江省种植业管理局、建德市农业技术推广中心、新昌县果蚕总站

主 要 负 责 人： 赵玲玲　朱丽君　楼　平

粮桑混栽区秋蚕安全生产技术

立项背景 针对浙北蚕区粮、桑混栽的特点，开展常用农药对家蚕的毒性试验和安全性评价，在2016年浙江省蚕桑产业技术项目“蚕桑安全高效生产技术集成与应用”支持下，开展粮桑混栽区秋蚕安全生产技术研究。

技术亮点 以对重点蚕桑区域建立桑树病虫调查点的调查与预测预报为基础，开展桑园农药筛选与大田常用农药对家蚕安全性评价研究，丰富和补充桑园农药品种，提出桑园专用和适用农药品种的使用技术。

取得成果 以桑园病虫害测报体系为基础的精准防治、桑园专用和适用农药筛选与示范、粮桑混栽区大田农药安全使用等技术的试验与集成，提高了桑园和周围其他农作物使用农药技术，有效减少养蚕农药中毒损失，保障养蚕生产安全。

经济效益 在海宁、桐乡、秀洲等蚕桑重点产区开展技术集成与示范应用，桑园病虫害防治省工节本比较明显，据秀洲区示范区调查，每年比原来的常规防治减少了1～2次，敌敌畏等常用农药用量节约一倍以上。应用杀虫灯、性诱剂、食诱剂等物理生物防治技术，有利于提高蚕农的安全防治、综合防治技术理念，经济和生态效益显著。

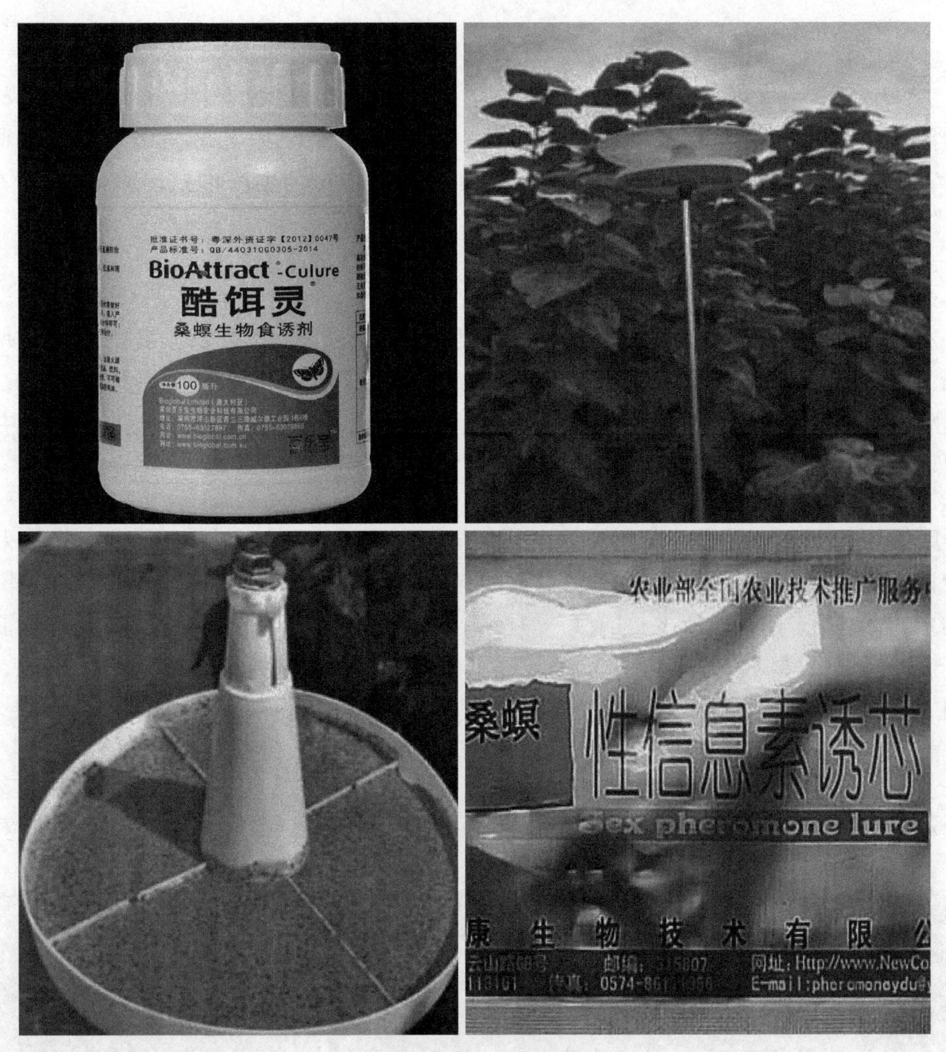

桑园统一防治

项目承担单位： 海宁市蚕桑技术服务站

主 要 负 责 人： 陈伟国

果桑设施栽培安全生产模式研究与示范

立项背景 桑果栽培需要和风细雨的滋润，在狂风暴雨及冻害来临时则需大棚避雨避风保护，在2016年浙江省蚕桑产业技术项目“果桑设施栽培安全生产模式研究与示范”支持下，开展相关技术研究。

技术亮点 设计了两种全开窗式桑果避雨大棚，可根据作物栽培要求开合；设计了一套大棚井水微喷系统，利用井水喷雾的水气温度，维持棚内温度大于零度，并通过增施有机肥、钾肥、叶面肥和采取铺设防鸟网等措施的优质桑果设施栽培安全生产技术模式。设施栽培能保温防冻、促进了桑果提早成熟，解决大棚桑果桑花不掉、品质欠佳的问题，并有利于菌核病的防控。

取得成果 设计2种新型大棚5 000m^2，基本达到棚顶全开的效果，可根据作物栽培要求开合。设计一种井水微喷保温系统，喷水管可选用喷灌管或微喷带，间隔1～3行铺设一条。建立一套果桑设施栽培生产技术模式：一是能抗-5℃、-10℃乃至更低的温度，从而保证大棚果桑不惧冻害和倒春寒的影响；二是可避雨又适当促早、解决大棚桑果桑花不掉、品质欠佳的问题；三是通过增施有机肥、钾肥和叶面肥改善桑果品质，可溶性固形物含量>12；四是有利于菌核病的防控，防鸟又减少落果，并形成完整的技术体系和模式。

经济效益 2017年通过果桑设施栽培，在保温防冻的同时也促进了桑果提早成熟，2018

果桑大棚

棚内喷灌

年磐安县冷水镇潘潭村试验点采用喷井水保温的果桑比露天桑果成熟提早16天(喷雾区4月22日初熟，而露天桑果5月9日初熟)，而且正好在“五一”节销售旺季成熟，效果较好，且无菌核病的发生。5 000平方米桑果基地桑果销售收入达11万元，并浸泡2 500千克桑果酒，桑园土鸡收入2万余元。

桑葚

桑葚园

项目承担单位： 浙江省种植业管理局、金华市经济特产技术推广站

主 要 负 责 人： 陈乐阳

七、花卉产业

HUA HUI CHAN YE

电商蝴蝶兰新品种引选和栽培技术集成

立项背景 近年来，蝴蝶兰产业技术体系的创新缺乏，行业同质化竞争激烈。蝴蝶兰产业已经逐渐由传统的礼品消费进入到个性化、家庭化消费的时代。需要对传统的生产种植方式以及包装物流等环节进行创新。在2015年省“三农六方”项目“年宵花多花型蝴蝶兰耐低温新品种引选和栽培技术集成示范”支持下，开展电商蝴蝶兰新品种引选和栽培技术集成与应用。

技术亮点 通过冷房催花技术、蝴蝶兰花梗高度矮化技术、单梗多花、多梗多花环境因子调控技术和蝴蝶兰电商包装与物流技术等进行技术集成。

取得成果 通过国内外的蝴蝶兰品种的试验筛选，得到4个适宜浙江省温室栽培的多花型新品种；明确筛选品种特点和对栽培环境的要求，配套集成了关键技术措施，制定栽培技术规程。成果可以通过促进多花性，提高蝴蝶兰的观赏性，提升单株蝴蝶兰的经济效益；成果还可以提高传统蝴蝶兰种植的密度并缩短蝴蝶兰开花株的生长周期，从而提高单位面积的蝴蝶兰生产效益。

蝴蝶兰新品种

经济效益 通过本成果的实施和示范，每平方可种植40株蝴蝶兰开花株，120天为一茬，1年可出3茬，与原有的生产与商业模式相比（每平方生产20株、每年生产一茬），可以提高经济效益3倍以上。项目已在浙江省内外建立了浙江大学农业试验站、浙江省农业科学院花卉研究所两个实验与示范基地，并建立浙江启美园艺公司、杭州蓝郡农业科技有限公司、杭州浮山林业科技有限公司三个示范基地，共示范种植蝴蝶兰成花22万株。

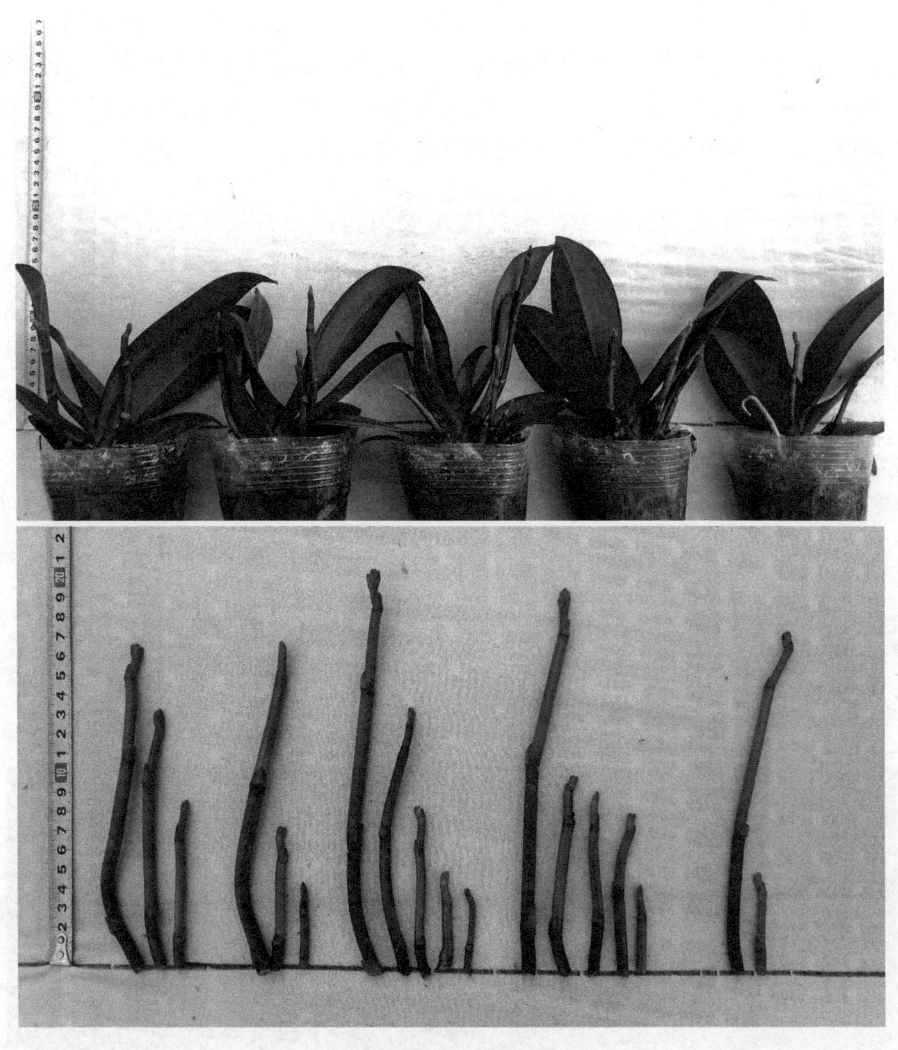

蝴蝶兰花梗高度矮化技术

项目承担单位： 浙江大学、浙江省农业科学院
主 要 负 责 人： 齐振宇

中国兰花优质种苗及盆花标准化生产技术研发与示范

立项背景 针对草花育种工作的落后局面，为进一步提升民族花卉自主培育和生产能力，依托2016年省“三农六方”项目“中国兰花优质种苗及盆花标准化生产与示范”支持下，开展中国兰花优质种苗及盆花标准化生产技术研发与示范。

技术亮点 研发一种无菌操作接种器具快速灭菌装置及其使用方法发明专利，极大提高了兰花优质种苗组培快繁的工作效率。示范推广了2个通过省级审定的兰花新品种，新申报了8个兰花新品种权，实现了国兰新品种的自主创新，可满足日益增长的市场需求。通过优化兰花优质种苗组培快繁技术、研发一种兰花及铁皮石斛专用叶面有机肥、国兰新品种的自主创新及集成技术应用示范，实现中国兰花优质种苗及盆花标准化生产。

取得成果 制定国兰优质种苗生产技术规程；年产优质国兰组培种苗10万株；示范推广2个自主育成的国兰新品种，新申报兰花新品种权4个，并建立1个3 000平方米的国兰新品种、新技术栽培示范基地。

经济效益 通过本项目的产学研结合实施模式，培育了3个专业生产国兰的农业企业；推广了新品种种苗10万株，预期可实现产值约100万元。研发的成果经集成、组装、优化和推广应用后，产生了较大的经济效益，并有效促进农业增效和农民增收。

福娃梅

赛牡丹

项目承担单位： 浙江省农业科学院、浙江省种植业管理局等

主 要 负 责 人： 孙崇波

姜黄属花卉的引选与产业化关键技术研发

立项背景 针对浙江省内夏秋季高温季节多年生花卉种类少的现状，而且冬春节庆时高档盆花种类也相对较少的现状。从2009年开始引进以姜荷花为代表的姜黄属花卉，在2016年浙江省花卉产业技术项目“红掌、观赏凤梨、姜荷花等新品种示范推广”等项目支持下，开展姜黄属花卉的引选与产业化关键技术研发。

技术亮点 在浙江省内最早成功引进姜荷花，并建立起国内最大的姜荷花种质资源库，筛选出了适应性强、观赏性价值高的姜黄属花卉10种。研发了组培快繁、单芽切球等根茎的种性保持与繁殖技术，通过精准栽培与越冬贮藏技术，建立了浙江和海南两地种球生产与越冬技术体系。针对盆花、切花和园林不同应用需求，分别研发了盆栽年宵花的花期调控、矮化及配套栽培技术，切花花茎伸长、保鲜贮运技术，园林花坛、花境的种植参数与管理技术等一系列配套栽培关键技术。

取得成果 针对浙江省内夏秋季高温季节多年生花卉种类少的现状，引进姜黄属植物55种(品种)，其中姜荷花品种26个，筛选出“清迈粉”“红火炬”等10个适应性好、观赏价值高的品种，丰富了该时期的花卉种类。开发了适合长三角地区的花期调控、株型调控为主的中高档盆栽生产技术体系，实现了在冬春季的供花要求。通过研发出单芽切块繁殖、组培扩繁、分球繁殖等种球扩繁技术，建立了种球国产化自繁技术体系。通过研发出本地和异地(海南)的两套种球规模化繁殖和越冬贮藏体系，建立了种球产业化生产基地，实现了种球在园林应用及中高档盆栽应用中的国产化批量供应。项目通过引进并进行多用途开发，尤其是园林应用、开发和推广，同时对种球繁殖和生产贮存技术进行配套研发和生产供应，极大地促进了本属花卉的推广应用。

姜荷花在园林应用

姜荷花种球生产

经济效益　项目技术应用于西湖灵隐管理处、杭州植物园和传化绿科秀等6家单位以及杭州、温州、宁波、嘉兴、丽水5个地区，浙江省外已辐射到从成都到上海的长江流域地区。近三年来累计在园林单位应用种球214.12万粒，新增效益2 490.82万元。合作企业生产销售盆栽113.6万盆，切花464.6万支，种球423.70万粒，新增销售8 377.39万元，新增利润2 294.73万元。共计新增销售1.086 8亿元（含园林应用单位新增效益），新增利润2 294.73万元（注：园林应用单位无新增销售利润）。

姜黄属花卉种类

项目承担单位： 浙江省花卉苗木产业创新与推广服务团队

主 要 负 责 人： 刘建新

新优宿根花卉高效繁育技术研究及示范推广

立项背景　为更好地发挥新优宿根花卉的作用，满足大面积推广应用的需要，在2016年浙江省花卉产业技术项目“江南地区花境用宿根花卉示范和推广”支持下，开展新优宿根花卉高效繁育技术研究及示范推广。

技术亮点　针对菊科、石蒜科、百合科和鸢尾科的宿根花卉，分别利用扦插、播种和组织培养等多种技术，研发并建立了主栽花境植物的高效育苗技术体系。创立了宿根花卉容器化工程苗的栽培形式，被越来越多的种植者所接受，有力促进了花境植物的广泛应用。

取得成果　本项目建成浙江省内规模最大、品种最全的球宿根种质资源圃。筛选出36个景观应用价值高的主栽宿根花卉新优品种；研发并建立了主栽花境植物的高效育苗技术体系、花境植物工程苗的标准化生产技术及操作规范；创新构建了木本型、宿根草本型、观赏草型相结合的长效混合型等花境类型，集成了新优宿根花卉高效繁育技术。

经济效益　对优良品种实行专业工厂化容器栽培，进一步提高了产品的附加值，年增产值达200万元，经济效益显著提高。带动周边花卉企业和农户10余家开展宿根花卉生产，面积500亩以上。

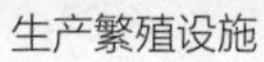
生产繁殖设施

容器苗大面积生产场景

项目承担单位： 浙江省花卉苗木产业创新与推广服务团队
主 要 负 责 人： 夏宜平

林荫鼠尾草

尼润花

大花萱草

荷花、睡莲新优品种选育、高产扩繁及栽培管理技术体系

立项背景 为有效地填补国内外对荷花和睡莲在引种、育种、扩繁和栽培管理等技术环节的研究空白，在2016年浙江省花卉产业技术项目“荷花、睡莲新品种扩繁栽培技术示范”支持下，开展荷花、睡莲新优品种选育、高产扩繁及栽培管理技术体系研究。

技术亮点 选育了荷花、睡莲新优品种100多个，其中荷花和睡莲新品种国际登录分别为15个和20个；采用激素处理、生长期藕带扩繁和利用边缘效应等方式，实现了提高种藕繁殖系数3倍的目标；首创密植法，使耐寒睡莲平均亩产达到出口标准种苗10 000头，生产效率提高了1倍。

取得成果 引种收集和驯化保育荷花、睡莲品种200多个；选育荷花、睡莲新优品种100多个，其中荷花和睡莲新品种国际登录分别为15个和20个；已初步建立了荷花、睡莲种质资源引种、驯化、保育和新优品种选育技术体系，完成了扩繁及高效栽培技术中试。成果的推广应用有效地填补了国内外对荷花和睡莲在引种、育种、扩繁和栽培管理等技术环节的研究空白，形成了系统、完善、科学、高效的技术体系和规程，在很大程度上解决了以荷花和睡莲为代表的水生植物从科研、生产到技术推广等领域的一系列重大技术难题，推动了整个水

睡莲新品种大面积示范推广

生植物甚至园林植物产业的发展。更重要的是，该成果将在当下“五水共治”的大举措下得到充分的实践和推广应用，为改善人居环境和生态环境起到重要作用。

经济效益 项目实现直接经济效益约80万元/年，间接经济效益约200万元/年，推广应用面积2 000余亩。

荷花新品种“赤火金心”

荷花新品种“希陶飞雪”

项目承担单位： 浙江省花卉苗木产业创新与推广服务团队

主 要 负 责 人： 陈煜初

切花百合新品种及设施栽培技术示范推广

立项背景 为进一步提高切花百合产品质量，解决普通冷藏方法易用引进顶部花苞不能完全开放、设施土壤连作障碍等难题，在2016年浙江省花卉产业技术项目“切花百合新品种及设施栽培技术示范推广”支持下，开展相关技术研究。

技术亮点 在GSW7430连棚大棚标准设计基础上，改进内保温设计，在大棚横档下方安装内保温系统，夜间加热能耗比内保温膜设置在横档上方减少20%。优化基质配制，筛选出80%泥炭和20%松鳞的混合基质配方，提高基质保水与通气性能，茎秆强度比纯泥炭栽培明显提高。以百合切花预处理液浸吸与低温冷藏相结合，2～4℃下切花冷藏期达20天，切花开放和品质保持良好，克服普通冷藏方法易用引进顶部花苞不能完全开放的难题。

取得成果 引种筛选适合设施栽培的优质、抗病和耐低温性强的百合新优品种5个，并建立新优品种种球复壮和种球长期冷藏技术。开发设施大棚环境精确控制技术，完善连栋大棚热水循环加温系统，建立设施大棚雨水收集、净化和微喷灌系统，研发水肥一体化供应技术，集成示范设施高效节能环保化栽培技术。以百合切花预处理液浸吸与低温冷藏相结合，2～4℃下切花冷藏期达20天，切花开放和品质保持良好，克服普通冷藏方法易用引进顶部花苞不能完全开放的难题。应用设施基质栽培可从根本上克服设施土壤连作障碍的影响。

百合新品种“粉冠军”

百合新品种“黄天霸”

经济效益 本项目以百合切花预处理液浸吸与低温冷藏相结合，2～4℃下切花冷藏期达20天；优化百合栽培基质配制方法，切花品质优质率达70%以上，切花售价平均单枝比土壤栽培高1.4元，每亩增加产值1.8万元；建立了百合精品科技示范基地1个，设施栽培示范基地达110多亩，年生产百合切花125多万枝，项目实施期间年实现销售收入530多万元。

百合切花设施基质栽培示范

百合新品种“重瓣惊嘉”栽培示范

百合新品种“粉冠军”栽培示范

百合新品种“赞倍希”栽培示范

项目承担单位： 浙江省花卉苗木产业创新与推广服务团队

主 要 负 责 人： 郭方其

八、食用菌产业

S H I　Y O N G　J U N　C H A N　Y E

香菇液化专用菌种技术体系研究与应用

立项背景　我国食用菌在优质种源及其繁育技术这一核心领域，仍沿用传统固体菌种和三级制种工艺。这种工艺虽然简单易行，但繁育效率低，质量控制难，因菌种问题引发的生产事故时有发生，成为我国食用菌产业可持续发展的瓶颈制约，依托2016年省“三农六方”项目“香菇主导品种菌种质量早期检测技术研究与示范”支持下，开展香菇液化专用菌种技术体系研究与应用。

技术亮点　对香菇菌种种性保持、品质形成和高效繁育等菌种技术体系进行研究并取得突破。发明全溶性固体培养基配方和小包装菌丝增殖培养技术，使专用种源菌丝体量大，完全可溶，种性稳定，储运方便。与深层发酵获得的液体菌种相比，本专用种源无需复杂的发酵系统，在降低投资成本的同时，更重要的是避免了深层发酵可能导致的菌液细菌感染缺陷，使风险可控。

取得成果　菌种利用率是常规固体菌种的100倍，自动接种每小时可接10 000瓶，是固体接种机的10倍。菌丝营养生长期比固体菌种接种缩短20%～25%，成品率提高20%。总体可节省90%左右的菌种生产设施投入。以生产1亿袋计，在菌种和接种、培养等环节，节约成本78%，增加产出10%以上，同时显著减少产业风险。

经济效益　该成果形成的香菇菌种品质形成关键技术、菌袋规模化高效繁育技术，菌种利用率是常规固体菌种的100倍，自动接种每小时可接10 000瓶，是固体接种机的10倍，总体可节省90%左右的菌种生产设施投入。成果已建立一个集育、繁、检于一体的专用种源培育实验室，年培养能力1万瓶，相当于一家年产100万瓶常规固体菌种的大型菌种厂。

香菇液化菌种栽培示范

液化菌种香菇出菇

智能液化系统

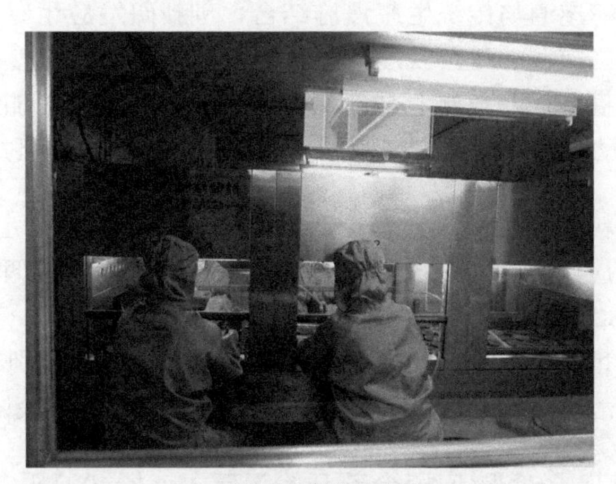

液化菌种接种流水线

固体菌种袋式接种机

项目承担单位： 浙江大学、浙江省种植业管理局
主 要 负 责 人： 陈再鸣

蘑菇轻简化生产技术研究与示范

立项背景 浙江省蘑菇生产出现冬季低温期间出菇少、传统覆土中存在的病虫杂菌和重金属污染等生产质量安全隐患的难题。为加快浙江省食用菌生产方式从传统的分散小规模生产方式向专业化、标准化生产转表，依托2015年省“三农六方”项目“蘑菇轻简化生产技术研究与示范”支持下，开展蘑菇轻简化生产技术研究与示范。

技术亮点 新型发酵遂道与传统生产设施结合，创新研发应用专业化培养料遂道一次发酵，菇房室外蒸汽加温二次发酵复合式发酵技术模式，降低劳动强度，提高培养料品质，降低病虫害发生；研发砻糠河泥与草炭混合新型覆土、冬季双膜覆盖加采光暖棚等蘑菇轻简化栽培技术，实现减轻劳动强度，提高生产效率，降低生产成本，最终提高产量和效益。

取得成果 通过堆料工艺技术研究，提高堆肥质量和均匀度稳定性结合配套合适品种、覆土和新型喷灌设施等应用研究，形成蘑菇轻简化、规模化栽培管理技术；应用上述技术，生产效率提高25%以上，发酵料质量水平明显提高，产量提高10%～15%；在平湖、温岭等蘑菇主产区建立示范基地2个以上。隧道发酵新工艺应用示范，分别在平湖、嘉善、温岭等地建立20余条隧道。示范应用小区对比试验增产12%～20.8%，扩大试验增产9.68%。

经济效益 盛龙园艺场6条隧道已全部开始运营，该场40万平方尺蘑菇培养料全部隧道一次发酵，应用一次隧道堆制的两种模式分别增产11.7%与20.0%，实现产值74.21元、75.89元，比对照增加51.21%与67.54%，减少人工支出25%。工厂化金针菇废料试验隧道发

冬季暖棚

酵后进栽培蘑菇，小试产量达到22.6～24.2千克/平方米。温岭基地供应47户周边农户栽培，产量提高10%～20%。清洁草炭复合土在基地大户已经普遍应用，盛龙基地覆土试验实现平均鲜菇单产12.88千克/平方米，比传统河泥砻糠覆土的10.98千克/平方米单产增1.9千克/平方米、增产17.3%。该技术不仅在省内并且省外山东、济南、漳州等蘑菇产地试验示范和推广应用。轻简化技术在平湖、嘉善、温岭等蘑菇主产区应用达80%以上。

混合土出菇

一次隧道

项目承担单位：浙江省农业科学院、浙江省种植业管理局

主 要 负 责 人：金群力

食用菌菌棒工厂化生产关键技术研究与示范

立项背景 围绕食用菌菌棒工厂化生产关键技术研究与示范，依托2013年省“三农六方”项目“食用菌菌棒场关键技术集成研究与示范”支持，攻关优质无菌料高效生产技术。

技术亮点 首次系统研究了食用菌熟料栽培中培养基质制备工艺与理化性状及食用菌生长发育三者之间的关系，率先揭示了常压高温条件下培养料达到无菌状态时间短，基质理化性状好，菌丝生长速度快，首潮子实体发生提前，早期产量、总产量增加。首次发现了常压高温制备无菌培养基质时间存在上限和下限，突破了以往生产中局限于营养配比、灭菌彻底而忽视培养基质理化性状的认识，在更深层面上揭示了培养基质影响食用菌生长发育的作用机理。创建了一整套食用菌菌棒工厂化生产技术体系(技术指南、技术模式图、“1+N”产业化模式、技术科教片)，从源头提升了菌棒质量。

取得成果 发明的新型高效节能食用菌培养料灭菌装备和技术，灭菌时间缩短50.0%～70.4%，成本下降42.9%～58.8%，每个菌棒可节本增效0.53元。建立省级技术示范点46个。制作《食用菌菌棒工厂化生产技术》科教片及模式图一套。授权国家发明专利1项，发表论文7篇，全省农业系统优秀调研报告1篇，出版新型职业农民培训教材《食用菌》1部。食用菌菌棒工厂化生产技术列入浙江省农业厅种植业“五大”主推集成技术之一。

经济效益 构建了“1+N”产业化模式，4年累计在庆元、磐安、武义、衢江、海宁等建立省级菌棒工厂化生产技术示范点46个，其中磐安富盛农场，衢江锐轩农场示范点分别入选

香菇菌棒流水线制作、层架周转灭菌架应用、工厂化生产现场

国家级和省级“星创天地”。针对不同用户需求建立技术模式3种（代工、料棒、菌棒），促进了食用菌生产向规模化、工厂化、精准化转型。年示范推广2亿棒测算，年节本增效1亿元以上，共增效4亿元以上。2017年各地食用菌菌棒工厂化生产技术推广规模呈现平稳发展态势，据不完全统计，全省有244家菌棒工厂化生产技术（服务）主体，全省菌棒工厂化生产技术应用规模2.76亿袋，较上年增4 200万袋，增产18%。

香菇菌棒在温控条件下安全发菌

香菇菌棒“1＋N”模式、农户进行出菇管理

项目承担单位： 浙江省种植业管理局、浙江大学

主 要 负 责 人： 陈　青

黑木耳黑山菌株栽培集成配套技术

立项背景 龙泉市黑木耳产业正处在逐步下滑的关键期，为有效促进龙泉市黑木耳产业转型升级，确保黑木耳产业健康发展，在2015年浙江省食用菌产业技术项目“黑木耳优质品种和高效栽培技术”支持下，开展黑木耳黑山菌株栽培集成配套技术研究。

技术亮点 引进黑木耳黑山菌株，创新采用黑白膜覆盖除草技术，有效杜绝因使用农药除草带来的农残问题，提高产品质量和市场竞争力。在刺孔催耳关键技术点、润床以及排场关键技术点、晒棒进行技术完善，建立集成配套栽培技术。

取得成果 引进黑木耳黑山菌株，建立集成配套栽培技术，产量和质量较传统916菌株有明显提高。916菌株平均每棒产量约50克，而黑山菌株平均每棒产量约65克，每亩按8 000棒计算，每亩可增加产量120千克。

黑山菌株采收

经济效益 通过项目实施，对全市黑木耳栽培大户进行专业培训，直接带动本地300余农户发展黑木耳产业，间接带动1 000户以上龙泉人到全国各地发展黑木耳产业。黑山菌株市场平均价格为80元/千克，亩产值达41 600元；916菌株市场平均价格为70元/千克，亩产值28 000元，每亩可增收13 600元，经济效益十分显著。2017年，龙泉市栽培黑山菌株1.08亿袋，占全市总量的90%，预计2018年可实现100%覆盖。

黑白膜覆盖除草技术

黑山菌株排场

黑山菌株耳片形状

项目承担单位：龙泉市郑国宝家庭农场
主 要 负 责 人：文冬华

九、中药材产业

ZHONG YAO CAI CHAN YE

野菊多糖原药制备及其对白术土传病害防控的田间应用研究

立项背景 由于缺少合适的替代品，为了保证产量只能继续超标地使用化学农药，生产出来的药材不仅不能“治病”反而“致病”，带来环境和安全隐患，严重威胁中药材生产的可持续性发展。因此，适用于中药材生产的植物源农药的研发迫在眉睫。在2016年省“三农六方”项目“白术等浙八味中药材土传病害生物防控技术研究与应用”支持下，开展野菊多糖原药制备及其对白术土传病害防控的田间应用研究。

技术亮点 探讨出野菊多糖诱抗剂制作工艺，创制了一种植物疫苗新品种野菊多糖免疫诱抗剂；通过施用新型植物源野菊多糖诱抗剂，集成一套白术等土传病害绿色生物防治技术，形成了一套白术绿色增产规程。野菊多糖防控药用植物土传病害的新用途具有独立的知识产权，有极大的开发价值。

取得成果 创制出的野菊多糖诱抗剂对白术土传病害有很明显的防治作用。采用土壤处理只要做到一次施用，能有效地抵抗白术土传病害达到增产效果，平均为增产14.8%。以往的白术栽培中按农户的经验需使用农药“好润”3次、三唑酮2次、噁霉灵1次，井冈霉素1次，本项目提供的绿色防控手段减少了化学农药投入次数，平均减少化学农药50%以上，减少了喷洒农药的人工成本500元/亩左右，有望解决生产中因大量使用杀菌剂造成的各种弊端。

试验布置

项目承担单位： 浙江农林大学
主 要 负 责 人： 田 薇

经济效益 创制出的野菊多糖诱抗剂，为白术等根茎类中药材病害的绿色防控提供新技术，填补了市场的空白，平均为白术增产14.8%，减少化学农药50%以上，减少了喷洒农药的人工成本500元/亩左右。野菊多糖防控药用植物土传病害的新用途具有独立的知识产权，目前已与浙江“严济堂”共同建立有机白术定点种植基地，与山东科大创业生物有限公司形成开发生物诱抗剂合作意向，与浙江省新昌县经济作物总站形成集成一套白术有机栽培模式并建立示范基地的合作意向。

苗情考察

温郁金细菌性枯萎病综合防治技术

立项背景 温郁金长期采用块茎无性繁殖方式，一家一户的小农分散种植模式，导致品种种性退化严重，块茎病原菌感染率高。近几年温郁金细菌性枯萎病而导致的植株枯死现象急剧加重，植株死亡率达60%以上，产量损失率80%以上，甚至绝收，温郁金枯萎病害成为温郁金产业发展的瓶颈。在2016年省“三农六方”项目“温郁金细菌性枯萎病关键治理技术示范与推广”支持下，开展温郁金细菌性枯萎病综合防治技术研究。

技术亮点 明确了温郁金枯萎病的病原物为*R.solanacearum*(雷尔氏菌)，筛选出较抗病温郁金品种(品系)和高效低毒低残留的土壤消毒剂和温郁金块茎消毒剂80%EC乙蒜素和90%WP链土霉素；并从健康温郁金块茎中分离的内生菌，研发并生产了具有自主知识产权的温郁金专用生物菌肥，集成提出成套的关键治理技术。

取得成果 收集了不同地区的温郁金品种(品系)，进行温郁金枯萎病*R.solanacearum*接种鉴定，筛选到了较抗病温郁金品种(品系)；结合生产现状，根据温郁金种苗特性，制订了种苗等级标准1个；建立了温郁金块茎贮藏、晒种选种等农业物理防治技术；筛选到了高效低毒低残留的土壤消毒剂和温郁金块茎消毒剂；通过田间防治试验，筛选到了具有较好防治作用的药剂组合：80%EC乙蒜素和90%WP链土霉素，建立了用药量、用药时间、用药次数等农药防控技术要点。根据温郁金需肥特性，研发并生产了具有自主知识产权的温郁金专用生物菌肥。集成提出成套的关键治理技术，形成技术操作规程，示范推广。

经济效益 通过技术培训，将成套的关键治理技术逐渐推广全省种植面积的50%。从健康温郁金块茎中分离的内生菌，配置的生物菌肥在田间表现出了一定的促生、抗病作用，通过进一步的优化，生产温郁金专用生物菌肥，将有效保障温郁金产业健康持续发展。

项目承担单位： 浙江大学
主 要 负 责 人： 毛碧增

田间调查

防治技术示范推广基地

温郁金套种大豆

铁皮石斛仿野生栽培技术研究集成与示范

立项背景 针对浙南铁皮石斛产业发展的瓶颈问题，为提高铁皮石斛种质资源创新利用和高效栽培，提升浙南铁皮石斛产业发展水平，在浙江省中药材产业技术项目“铁皮石斛、西红花等珍稀特色中药材新品种、新技术熟化集成”支持下，开展铁皮石斛仿野生栽培技术研究集成与示范。

技术亮点 引进筛选出适用的优质铁皮石斛新品种2个（“仙斛”2号和“森山”1号）和1个乐清当地特色红杆铁皮品系，研究集成了一套适合铁皮石斛林下近野生栽培模式的新型配套技术，集成铁皮石斛林下栽培技术规程、铁皮石斛岩壁栽培技术规程。

取得成果 研制出一种基质透气性能好、不易腐烂泥化的铁皮石斛苗床，发明了活树定植器、林下栽培装置、岩壁定植器等装置，研究集成了一套适合铁皮石斛林下近野生栽培模式的新型配套技术，形成铁皮石斛林下栽培技术规程、铁皮石斛岩壁栽培技术规程。

经济效益 自2016年以来在浙江省浙南产区建立示范基地5个，已建立铁皮石斛配套栽培技术示范基地100亩，林下仿野生种植示范基地150亩。设施栽培亩增产约20%，亩增效约2 000元；新品种新技术辐射推广500亩。

苗床应用生产

一种新型铁皮石斛林下种植装置

一种岩壁栽培铁皮石斛种植装置

项目承担单位：浙江省亚热带作物研究所

主要负责人：陶正明　姜　武

杭白菊健康种苗与绿色生态栽培技术

立项背景 针对杭白菊生产中良种覆盖率和技术到位率不高、草害等造成的用工量较大等难题，为提升杭白菊产量和质量，在浙江省中药材产业技术项目"杭白菊健康种苗应用示范"支持下，开展杭白菊健康种苗与绿色生态栽培技术。

技术亮点 选用小洋菊和早小洋菊，采取茎尖五级脱毒获得无病毒健康种苗，并利用扦插、压条技术实现种苗的快速繁育，以点带面推广健康种苗。杭白菊茎尖五级脱毒种苗快速繁育技术、黑膜抑草技术、推进杭白菊小品种农药登记等措施实施绿色生态栽培技术，集成杭白菊健康种苗与绿色生态栽培技术。

取得成果 形成杭白菊茎尖五级脱毒种苗快速繁育技术，推广绿色抗病毒生态栽培技术，选用脱毒苗生产的杭白菊亩产达到128千克/亩，比常规育苗的112千克/亩，提高了16千克，增产14.3%。通过黑膜抑草技术和绿色生态栽培技术的应用，每亩可节省人工成本350元。

经济效益 2017年80亩核心示范点杭白菊亩产达到128千克/亩，比常规育苗生产的112千克/亩，提高了16千克，增产14.3%，按每千克60元计，亩增收1 040元，共增收8.32万元。2017年辐射推广面积1 100亩，杭白菊亩产达到122千克/亩，比常规育苗的112千克/亩，提高了10千克，增产8.9%，亩增收650元，共增收71.5万元。

桐乡市杭白菊标准化栽培技术模式图

扦插育苗

覆膜抑草技术

运用物理防治技术

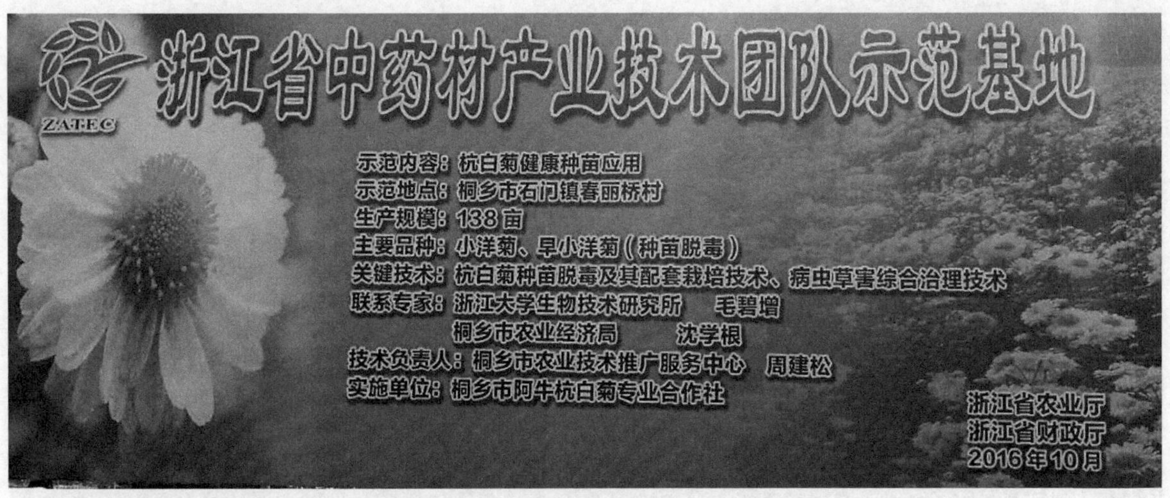

基地标志牌

项目承担单位： 桐乡市阿牛杭白菊专业合作社

主 要 负 责 人： 沈学根

浙贝母产地绿色初加工技术

立项背景　浙贝母初加工推行无硫化是趋势，必将替代传统的浙贝母硫磺熏蒸加工技术，在浙江省中药材产业技术项目“中药材产地绿色初加工”支持下，开展浙贝母产地绿色初加工技术研究。

技术亮点　形成了浙贝母产地绿色初加工技术(无硫初加工技术)，即浙贝母切片或个子干燥技术。通过推广浙贝母中药材产地绿色初加工技术，现已基本替代了传统的浙贝母硫磺熏蒸加工技术。

取得成果　通过项目实施，指导本地药农实行浙贝母集中加工，推广浙贝母筛选、清洗、切片、烘干全程机械化操作。在磐安县新渥街道永加村建立中药材产地绿色初加工示范点1个，占地3 000平方米，年加工浙贝母干品量300吨。

经济效益　示范点合作社以较低的成本价为药农提供代加工服务，通过集中统一加工，达到省时节本、质量控制的目的，实现合作社与农户的双赢，并使中药材产地绿色初加工(无硫加工)在磐安达成共识，具有较大的示范推广作用。在磐安县新渥街道永加村建立中药材产地绿色初加工示范点1个，占地3 000平方米，年加工浙贝母干品量300吨。

项目承担单位： 磐安县中药材研究所

主 要 负 责 人： 宗侃侃

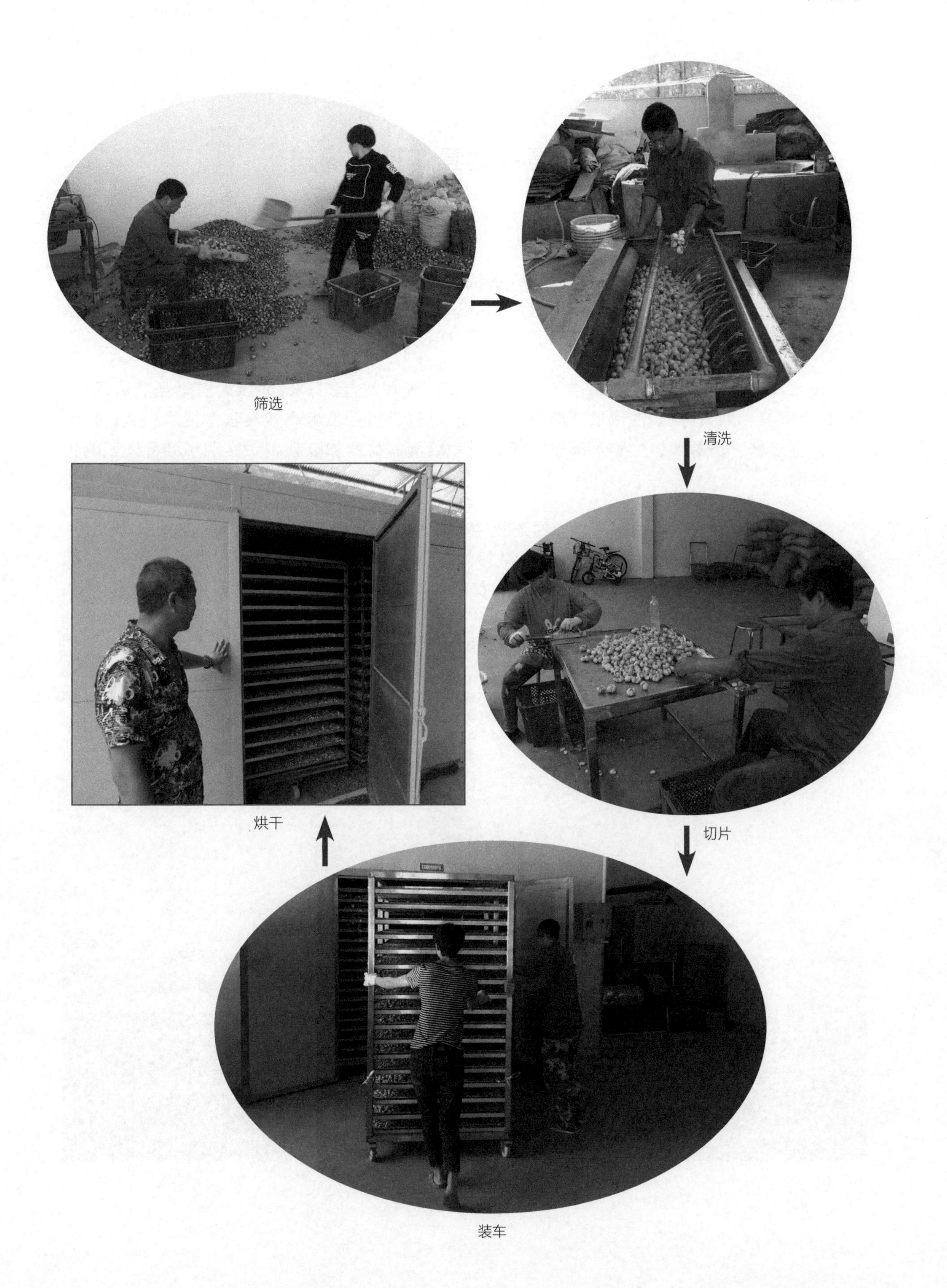

筛选

清洗

切片

烘干

装车

浙贝母高效间套作技术模式

立项背景　利用浙贝母生长特点，探索包括间/套作等耕作模式的浙贝母高效栽培模式，充分利用了土地，同时可获得较高的经济收入，在浙江省中药材产业技术项目“中药材高效间套作技术示范”支持下，开展浙贝母高效间套作技术模式研究。

技术亮点　在磐安县浙贝母主产区初步形成以浙贝母/甜玉米/大豆为主，及浙贝母/甜玉米/小番薯、浙贝母/奶油南瓜、浙贝母/生姜、浙贝母/西瓜等高效间套作技术模式。且大豆秆、玉米秆、番薯藤、生姜禾都作为浙贝母栽培覆盖材料加以利用，实现了秸秆还田的生态良性循环。

取得成果　在磐安县冷水镇潘潭村建立中药材高效间套作示范基地90亩，推广以浙贝母/甜玉米/大豆为主，及浙贝母/甜玉米/小番薯、浙贝母/奶油南瓜、浙贝母/生姜、浙贝母/西瓜等多种高效间套作技术模式，示范基地内农户亩均增收3 120元。

经济效益　浙贝母高效间套作技术模式适用于磐安县新渥、冷水、仁川等浙贝母主产区，年推广浙贝母/甜玉米/大豆模式2 000亩、浙贝母/西瓜模式1 500亩、浙贝母/生姜模式500亩，其他模式500亩，合计推广面积在4 500亩以上，亩均增收在3 000元以上，具有良好的经济效益。

浙贝母—奶油南瓜

浙贝母—西瓜间套作模式

浙贝母—玉米—大豆模式

浙贝母—玉米—番薯

项目承担单位：磐安县中药材研究所
主 要 负 责 人：宗侃侃

铁皮石斛全程标准化生产技术研究与应用示范

立项背景　为进一步提升铁皮石斛标准化生产和质量安全水平，在浙江省中药材产业技术项目“铁皮石斛全程标准化生产技术示范”支持下，开展铁皮石斛全程标准化生产技术研究与应用示范。

技术亮点　创造了“通风、透气、漏水”良好生态环境、弥雾喷灌、覆盖除草、绿色综合防控措施、越冬降湿管理、精准及时采收等技术要求，构建了畦底架空的床架栽培模式，形成铁皮石斛仿生态栽培操作规程，集成了浙产道地药材铁皮石斛仿野生规范化生产模式。并实施铁皮石斛生产信息建设体系建设，推行全过程“二维码”追溯管理。

取得成果　在公司白姆乡建立铁皮石斛全程标准化生产技术示范基地50亩。通过铁皮石斛栽培基质的研究及移栽后日常管理的把控，实现种苗移栽成活率达98.5%以上。通过铁皮石斛病虫害种类和发生规律研究，建立了铁皮石斛病虫害防治操作规程一套，并制订了全年植保计划。在借鉴古人“挂空种植”的方式的基础上，集成床架栽培及仿生态栽培技术，建立铁皮石斛仿生态栽培操作规程一套。健全生产全过程管理制度，通过“二维码”技术，建立铁皮石斛全程可追溯管理体系，产品达到优质安全。

铁皮石斛全程标准化生产和数据化管理

经济效益 浙江寿仙谷医药股份有限公司对项目成果转化应用于“仙斛1号”等铁皮石斛优良品种，实施了生产全过程质量追溯管理，鲜品比原来品种平均每年亩产增加约37千克。2017年示范推广1 105.35亩，鲜品销售收入2 371.67万元；生产的铁皮枫斗和保健食品(药品)销售收入8 361.71万元，利润628.70万元。

铁皮石斛病虫害预测预报制度和综合防治

有机生物农药防治

项目承担单位： 浙江寿仙谷医药股份有限公司
主 要 负 责 人： 李明焱

十、生态综合

S H E N G T A I Z O N G H E

耕地培肥技术集成与推广应用

立项背景 针对浙江省耕地质量偏低，作物秸秆过剩，畜禽遗体处理不当等现状，在2015年省“三农六方”项目“生物炭对小萝卜产量和耕地质量的影响”支持下，开展耕地培肥技术集成与推广应用。

技术亮点 整合现有的废弃生物质资源—作物秸秆和畜禽遗体，将难以消纳的作物秸秆和畜禽遗体经炭化处理转化为可为土壤提供养分的生物炭后还田，创建了“秸秆炭+有机肥或骨炭+有机肥”耕地培肥技术模式；另外，项目首次将畜禽遗体炭化后的产物—骨炭用于改良培肥土壤。

取得成果 项目探明了秸秆炭和骨炭对耕地肥力和作物产量、品质的影响，创建了“秸秆炭+有机肥或骨炭+有机肥”耕地培肥技术模式。秸秆炭或骨炭配施有机肥作物分别增产10.29%和10.80%，有机质提升15.25%和12.16%。秸秆炭和骨炭氮、磷、钾含量分别为1.61%和3.38%、0.42%和12.53%、2.02%和2.98%，可替换部分化肥，施用秸秆炭和骨炭化肥亩均减投18.18千克和16.34千克。

“生物炭+有机肥”耕地培肥技术

经济效益　秸秆炭或骨炭配施有机肥作物亩增收241.58元和253.52元。施用秸秆炭和骨炭化肥亩均节本69.27元和84.4元。集成的耕地培肥技术在浙江省粮食、蔬菜、果树等作物中三年累计推广1 213.8万亩次，新增经济效益79 472.4万元。

小萝卜长至两叶一心时进行间苗

田间取样采收测产

“生物炭＋有机肥”处理小萝卜肉质根大小均一，产量明显高于其他处理

项目承担单位： 浙江省耕地质量与肥料管理局

主 要 负 责 人： 刘晓霞

移动式生物质收集造粒技术研究

立项背景 为有效推动秸秆废弃资源高值化利用，促进现代农业发展，在2016年省“三农六方”项目“农作物秸秆固化成型燃料化利用技术研究与示范”支持下，开展移动式生物质收集造粒技术研究。

技术亮点 “移动式生物质收集造粒技术”，采用了车载式、拖挂式一体化设计方案和互联网＋的智能化控制技术，引入工业4.0理念，通过远程信息收集PLC的WI FI模块将信息发到App，整个造粒系统可实现无人值守，使得远程监控、管理、运维成为现实，操作者可以通过电脑、PAD和手机来接受系统的运行状态信息和报警信息。

取得成果 以40英尺高柜集装箱(长11.8m × 宽2.13m × 高2.72m)为安装基础，安装秸秆粉碎机、布袋除尘设备、制粒机等设备。移动式生物质收集造粒系统获得实用新型专利(ZL201520906409.X)一套移动式制粒机，每小时产量1.5T，总电功率近151.7千瓦，由于采用了变频电机，主电机实际能耗可以比普通电机节能20%。

经济效益 在湖州吴兴尹家圩、德清清溪各建设一个示范点，累计使用秸秆原料11 500吨、生产秸秆颗粒燃料8 500吨，累计新增产值765万元、新增利润85万元、替代粮食烘干燃料支出节支总额85万元。秸秆颗粒燃料(每吨折标煤0.5吨)作为清洁可再生能源。项目示范

南方片区秸秆综合利用现场会操作展示

使用8 500吨秸秆颗粒燃料，相当于替代4 250吨标准煤，测算可减排二氧化碳约2.1万吨、氮氧化合物约159吨、二氧化硫约319吨。移动式生物质收集造粒系统的推广应用，证明该系统能利用秸秆生产生物质颗粒燃料，打造了“秸秆—颗粒燃料—粮食烘干”生态循环农业产业链，节本增效显著，具有明显的社会效益，为推进秸秆高值化利用、促进现代农业发展提供了有力的技术支撑。

移动式生物质收集造粒系统结构示意图
（1.切粉机，3.除尘机，6.PLC自动控制系统，7.环模制粒机，11.成品料箱）

项目承担单位： 浙江省农业生态与能源办公室
主 要 负 责 人： 邵建均

沼液差异性组分调查及相关性应用研究

立项背景 为摸清浙江省规模化沼气工程沼液理化性状以及浙江省农村“三沼”综合利用情况，在2016年省“三农六方”项目“沼液差异性组分调查及相关性应用研究”支持下，开展相关研究。

技术亮点 通过对全省规模化沼气工程进行抽样检测，初步探明以养猪废水为原料的沼气工程沼液组分构成规律，摸清了沼液组分的地区性差异性。通过调查研究明确了主要作物的沼液安全施用边界，提出了沼液安全施用原则和安全施用主控因子，提出沼液资源化循环利用技术，初步建立了沼液安全施用技术体系。

取得成果 沼液检测和差异性分析表明沼液是一种可参与生态循环的物质，其含有一定养分，且重金属含量符合相关肥料行业标准限值要求。沼液可在农作物上安全使用，为实现全省800万吨沼液安全利用和畜牧业绿色发展提供技术保障。制订沼液施用原则，提出沼液资源化循环利用技术，为推广沼液科学精准施用提供依据，可推进化肥减量、农作物增产提质和农民节支增效。建立沼液全量化利用示范点，示范沼液的化肥替代作用。以农业厅名义发布技术规范1个。

经济效益 该项目基本摸清浙江省规模化沼气工程沼液理化性状以及浙江省农村“三沼”综合利用情况。通过《沼液综合利用技术导则》的编制明确了沼液利用过程中的主要限量指标及其安全施用边界、沼液施用原则、沼液综合利用技术以及沼液在水稻、茶叶、蔬菜等主要农作物种植中的施用方法，为浙江省800万吨沼液的生态消纳提供技术支撑。

项目承担单位： 浙江省农业生态与能源办公室
主 要 负 责 人： 刘银秀　董越勇

沼液对比试验示范　　　　沼液综合利用

生物质气化液用于生物除草剂的开发与推广

立项背景　自化学除草剂推广应用以来，目前化学除草剂仍是农田除草的主要手段，但随着时间推移，化学除草剂大面积应用带来的弊端已日益显现。在此背景下，兼具选择性更高、对环境无污染且不易产生抗药性等多种优点的生物除草剂越来越受重视，在2017年省“三农六方”项目“安全生物源除草剂的开发与推广”支持下，开展生物质气化液用于生物除草剂的开发与推广。

技术亮点　开发了广谱灭生型生物源除草剂品种，是我国第一个生物源除草剂品种，对人畜安全，经过使用浓度稀释后，达到实际无毒的安全水平；对土壤环境安全，没有农药残留在土壤和作物上。

取得成果　广谱灭生型生物源除草剂品种可以替代百草枯和部分替代草甘膦。安全制剂研究，包括水剂以及降低使用价格，为产业化提供可能性，并在较大面积10 000亩以上地模拟市场化推广试验。

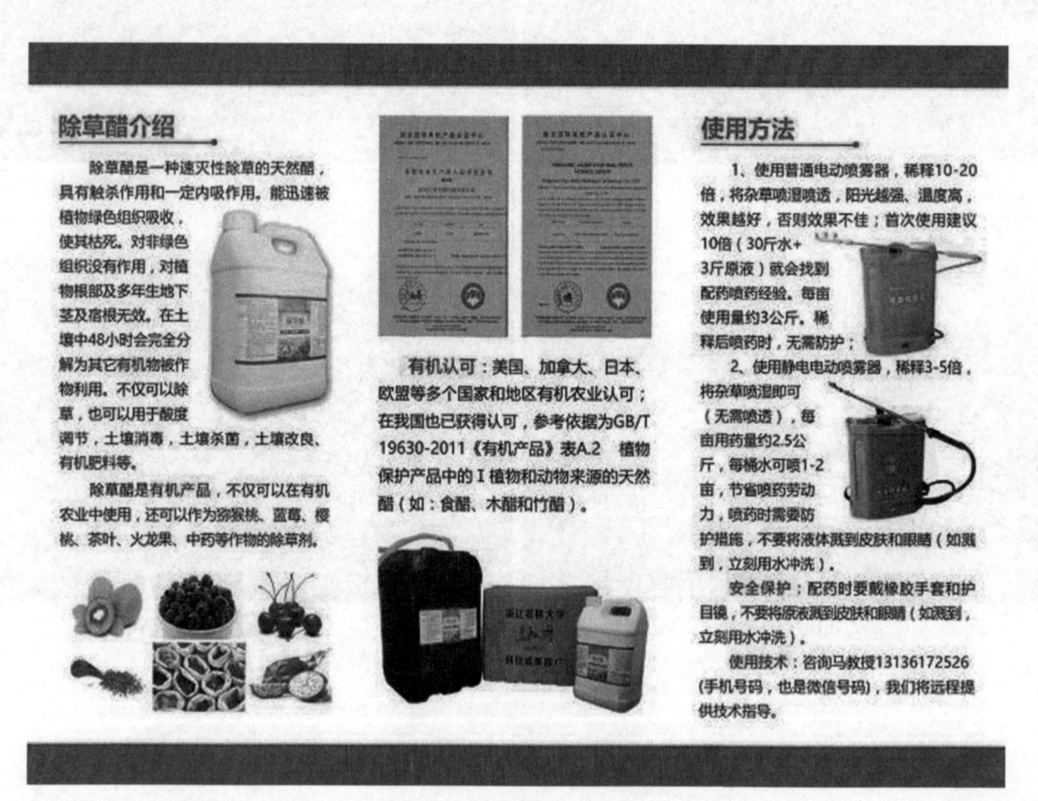

产品介绍

经济效益 在有机茶园、中药、蓝莓、苗圃等附加价值高的农业领域推广，采用补贴1/3的方式，直接降低成本到每亩30元以下，然后通过技术改进、探索包装物流费用降低等方法，降低综合成本，在项目完成时达到每亩30元以下，在浙江省包括杭州、温州、湖州、嘉兴、丽水、金华、宁波等地区建立示范点10个以上，经过市场考验式的推广10 000亩以上。

喷药前

喷药后4天

项目承担单位： 浙江农林大学

主 要 负 责 人： 马建义

新型农用微生物制剂创制与应用

立项背景　围绕当前化肥农药减量增效的需求，在2014年省“三农六方”项目“农用微生态制剂新品种创制与示范应用”支持下，开展新型农用微生物制剂创制与应用。

技术亮点　明确了多黏类芽孢杆菌CF05菌株对镰刀病菌、枯萎病菌等多种病原真菌和根癌病菌等多种病原细菌具有明显拮抗活性以及促生效果。创制多黏类芽孢杆菌液体制剂和粉剂等2个微生态制剂新品种，在茶叶、蔬菜等作物上，具有良好的防病促生效果。

取得成果　创制多黏类芽孢杆菌液体制剂和粉剂等2个微生态制剂新品种，建立茶叶、番茄、芦笋、铁皮石斛、辣椒等5个示范基地，基地总面积达到1 000亩以上，平均增产10%以上，在原有基础上，平均减少化学农药40%，减少化肥使用50%以上。“根红”等微生物制剂，与北京中农国泰科技有限公司等企业，建立了成果转化协议。

微生物菌剂防治铁皮石斛细菌性叶斑病及促生效果

经济效益 建立茶叶、番茄、芦笋、铁皮石斛、辣椒等5个示范基地，基地总面积达到1 000亩以上，平均增产10%以上，在原有基础上，平均减少化学农药40%，减少化肥使用50%以上。

对照组　CF05处理组

CF05微生物制剂防治番茄根结线虫病及促生效果图

项目承担单位： 浙江农林大学
主 要 负 责 人： 王勇军